园林景观手绘设计表现

实 战 应 用 篇　　周晓 著

中 国 林 业 出 版 社

图书在版编目（ＣＩＰ）数据

园林景观手绘设计表现．实战应用篇 ／ 周晓著．－－ 北京：中国林业出版社，2015.5(2019.7重印)

ISBN 978－7－5038－8020－9

Ⅰ．①园… Ⅱ．①周… Ⅲ．①景观设计－园林设计－绘画技法 Ⅳ．① TU986.2

中国版本图书馆 CIP 数据核字（2015）第 120898 号

中国林业出版社

责任编辑： 李 顺 王 远

出版咨询： (010) 83143569

- -

出 版：中国林业出版社（100009 北京西城区德内大街刘海胡同 7 号）

网 站：http://lycb.forestry.gov.cn/

印 刷：固安县京平诚乾印刷有限公司

发 行：中国林业出版社

电 话：(010) 83143500

版 次：2015 年 7 月第 1 版

印 次：2019 年 7 月第 2 次

开 本：889mm×1194mm 1 ／ 16

印 张：12

字 数：300 千字

定 价：68.00 元

手绘学习之解惑"十二问"（自序）

问：老师，为什么你的线条看起来是有生命的，而我的却很呆板？

答：因为你还是练得太少，熟能生巧，当你能很自如地运用线条来表现了，驾驭线条的能力越来越强，线条就有变化了，也就达到了你所说的：有生命了！

问：我的画面总是透视有问题，究竟怎样才能画好透视？

答：想画好透视，关键在于要深入理解透视的原则，将"近大远小"的透视原理始终贯彻于作品中，从复杂的表象中还原空间透视的本质。还要多做平面与透视相互转换的练习，通过大量的练习，逐步熟练掌握常用透视方式的画法，画得多了，头脑中的透视概念也就越来越强，就能达到心中有透视的境界了。

问：学习马克笔一开始应该做一些什么练习呢？

答：一开始主要是先进行笔触的练习，因为马克笔的笔头和我们常用的其他笔头不一样，有它自身的特性，所以我们首先要通过笔触的练习，逐渐熟悉并把握它的特性，以便更好地将马克笔技法独特的画面效果表现出来；笔触练得差不多后，就可以从单个物体开始练习了，之后再过渡到一组物体乃至整个空间的表现。

问：怎样用彩铅上色啊？我画的总像儿童画！

答：第一，不能只表现形体的固有色，要适当表现一些色彩变化；第二，颜色不要画得太满，要注意留白；第三，要注意处理好画面黑白灰的关系，形体暗部及投影的重色要到位，要有立体感；还可以尝试用表面较为粗糙的画纸来作画。

问：如何进行色彩搭配？我在上色时，不知该上哪个颜色为好！

答：色彩搭配是在表现景物固有色的基础上，同时将色彩的各种关系（冷暖、明度、纯度）一并考虑在内。总的来说，一幅作品中，大面积的中性色是最主要的，小面积的纯色是用来点缀的，亮面留白不需上色，暗面及投影则是重色，近景颜色偏暖一点，纯度高一点；远景颜色偏冷一点，纯度低一点，画面色彩在对比中又协调统一。还可以参见本书上册的"马克笔色彩分析与用色参考"内容。

问：为什么我用马克笔画不出潇洒、明快的画面感觉？

答：一方面是没有充分掌握马克笔的特性，笔触呆板、缺乏变化；另一方面是由于下笔时犹犹豫豫、畏畏缩缩；再一个是因为用笔用色杂乱无序，画得太满。记住：下笔要果断、干脆，看准了就大胆落笔，用笔要随形体的结构，笔触的走向要统一，在统一中又要有些小变化，这样才能体现出马克笔鲜活、生动的画面效果与艺术魅力。

问：为什么我的颜色总是上得很满？哪些地方是可以不用上色的？

答：在一幅手绘作品中，留白是必须的，尤其是对于快速手绘作品而言更是如此。没有必要将整个画面全部涂满颜色，上色期间要注意不要画"过"了，下笔前多考虑，尤其是当颜色上得差不多了的时候，不要一下笔就收不住了，记住：马克笔是只能做加法，不能做减法。一般说来，以下这些地方可以少上或不上颜色：一、物体的亮面，特别是高光的表现；二、画面中次要的物体、远处的物体；三、图面四周边边角角的地方；四、为达到整个画面构图的均衡性，需要留白的地方。

问：我的画面总是很"平"，怎样更好地表现画面的空间关系？

答：构图立意要有层次，近景、中景、远景分明；大的透视关系、尺度比例要准确；主次虚实关系要处理得当，中景往往是画面的主体，要重点深入刻画，远景则要概括取舍；近中景的明暗及色彩对比要强，远景对比要弱，近中景偏暖，远景偏冷。

问：我总是画得比别人慢，怎样才能画得又快又好？

答：正确的作画步骤是提高速度的前提；掌握常用的表现技法是保证，抓住主体，概括次体是关键，适当的留白处理是必不可少的。在实践练习中要注意总结出一些适合自己的方式方法，归纳出常用的配色技巧及对应的马克笔号，上色要从整体着眼，同一色最好一次画到位，比如相同颜色的树可以同一批次上色，不要一棵一棵的画，避免来回重复用笔上色浪费时间。画之前要把工具材料准备好，该换的笔换好，该削的笔削好，下笔前可以花几分钟构思一下，理清作品的主次关系，哪些要深入刻画，哪些概括取舍，做到心中有数，这样往往能取得事半功倍的效果。

问：在快题设计表现中，如何取景构图？

答：对于一个设计方案的表现效果来说，合适的取景构图是作品好坏与否的根本前提。能够反映设计效果的构图角度很多，但不是所有角度都是适合表现出来的，有的角度可能你费了半天劲，效果也出不来，这很大程度上就是因为挑选的构图角度不恰当。记住：一定要选择最能体现设计者设计创意和效果的角度及位置来表现。在有限的时间内，不可能面面俱到的把设计中每一个部分的效果都表现出来，所以选取适合的透视的角度与观看的位置就显得十分重要。

问：我总是不敢画人物、车辆，怎样才能快速地画好这些配景？

答：人物、车辆作为配景在设计表现图中，既可以作为尺度参照，又能够起到烘托环境气氛的作用。画的时候，要表现出男、女及车辆的外形特征，还要注意配景在整个空间中的大小比例关系。想画好这些配景，建议大家可以收集整理一些相关的图片资料，形态以简洁概括为好，各种角度的素材都要准备一些，以便需要时作参照。配景不需要深入刻画，一般只要勾画出大的形体轮廓就可以了，从难度上来说并不高，平时有空可以对照资料在草稿纸上多练练，画多了，自然也就可以信手拈来了。

问：作品展示时，和别人相比，为什么我的作品总是不突出？

答：其实这就是画面视觉冲击力不强的问题，这个问题的解决，主要取决于两个方面，一是增加变化，二是强化对比。可以尝试以下方法：一、构图视角要有一定特点，多一些变化，不要太过对称；二、画面黑白灰的关系要处理好；三、注意色彩的搭配与组合，特别是补色的运用，适当用一些纯色；四、暗部及投影的重色一定要到位。此外，方案设计要有一定新意，不能太过保守，毕竟手绘反映的是设计。

在手绘设计学习中，临摹只是学习的手段和方法之一，关键还是写生和设计创作，只有设计创作表现才是我们学习手绘的最终目的。作为初学者而言，即便是零基础，只要按照正确的学习方法，加之自己努力，多画多练，前期的临摹阶段在短时间内是很容易出效果的，因为临摹学习相对来说还是比较容易的。可如果这时候你就止步不前，枪棒入库，认为船到码头车到站，那可就大错特错了。临摹画好了仅代表你具备了一定的手绘表现技法与能力，它并不代表手绘学习的全部，设计创作才是最终的目标。其实我们常说手绘设计学习有一定的难度，这个"难"主要就难在手绘的设计创作上，因为一幅优秀的手绘设计表现作品不仅要有较好的手绘表现技法能力，还需要具备较好的分析归纳总结以及空间思维表现等能力。在与不少来自各大高校的学生包括设计师的接触中，我发现这的确是大家在手绘学习包括学校教学中存在着的一个严重弊病，很大程度上导致我们在实践中运用手绘时，只能对照着范画范图作画，一旦离开了它们，就"画不起来了！"，不得不画时，最后效果也一定是很"悲催"的。但我们在学习尤其是设计工作中，手绘的实践应用基本都是在表达我们的设计创意与构思想法，多是以设计创作的形式出现的，那么接下来本书中关于写生表现与设计创作表现的学习就显得非常重要了，特别是设计创作表现应该是我们学习的重点。

前言

　　手绘是设计的基础，是设计师交流的语言，也是设计的开端，要想成为一名主案设计师，在单位独挡一面，手绘表现的技能不可或缺，手绘表现主要是在概念设计、方案阶段使用得较多，手绘设计方案把握的好与坏直接关系到业务的成败。到目前为止，所有研究生入学考试、设计院所面试、设计师资格考评认定都是以手绘为主要考核依据。

　　作为一名学习设计专业的学生或职业设计师，不仅需要具备创新的设计思维和独特的设计理念，还应具备各种娴熟的表达能力。手绘表达是设计表现中极其重要的一种表现手法。尤其是在园林及景观设计领域，快速手绘表现图以其画面流畅轻松的钢笔线条、潇洒概括的马克笔、彩色铅笔的笔触、生动简练的明暗虚实层次以及特有的"艺术结合技术"的表现风格，具有电脑等其他表现手段所不可替代的艺术特性和表现魅力。因此，手绘设计表现是相关人员需要掌握的一项重要技能，为今后成为优秀设计师打下扎实的基础。

本套书特点：

一、系统性　　手绘基础技法、透视与构图技巧、单体和配景表现、立体空间思维与表现、设计元素表现、整体空间表现、实景写生表现、快题手绘设计表现等内容的科学设置，让零基础的你在最短的时间内，取得最大的进步与提高，成为手绘设计高手。

二、多样性　　钢笔、彩色铅笔、马克笔、水彩、精绘、快速表现、手绘与电脑表现相结合等多种手绘技法与表现形式，特别是针对实践中运用最多的马克笔及彩铅技法进行了重点详尽的讲解分析。

三、示范性　　大量实例的步骤示范与解析，全面展示了手绘作品从初始的铅笔起稿到最后上色完成的全过程。有别于多数手绘书籍只呈现出最终成品效果，更多只能停留在欣赏图例的基础上。通过这些步骤示范使读者能够举一反三，尽快掌握手绘的画法。

四、易学性　　从入门到精通，内容循序渐进，深入浅出，语言简洁流畅、通俗易懂，利用丰富的图例解析对手绘设计表现的技法技巧与步骤程序进行生动细致地描述。

五、实战性　　不是单纯讲解手绘表现的技法，而是将其溶入到园林景观设计的过程中，重在设计工作中的实践运用。图例作品大多是在不借用尺子情况下直接徒手表现完成的，更贴近于实战应用。

六、适用性　　精选了大量的范图供读者赏析与临摹练习，并挑选了部分学生习作，通过点评分析，指出初学者常见的问题，便于读者在学习过程中参照、借鉴，汲取他人的经验教训，少走弯路，尽快掌握手绘技法，提高手绘技能与艺术修养。

　　本套书分为"基础提高篇"与"实战应用篇"上下两册，上册主要以手绘设计基础与常见技法为主，包含徒手线描技法、彩铅及马克笔技法等内容，侧重对基础技法的解析，适用对象为高校相关专业低年级学生、助理设计师、爱好者等；下册主要以手绘设计实践应用为主，包含空间思维与表现、设计元素表现、快题设计表现等内容，侧重对设计创作及写生的指导，适用对象为高校相关专业高年级学生、职业设计师、具备一定基础的行业人士等。

　　真心祝愿每位读者在手绘设计学习的道路上取得更大的成绩！

目　录

第一章
立体空间思维与表现

在一幅设计表现图的画面中，物体往往是比较多的，或者说每一个设计方案它的设计元素很多，而每一个设计元素的造型（形体与结构）是不一样的，在表现这些设计元素的形体与结构时，造型简单的还比较容易画好，但造型复杂的想画好就不是那么容易了，尤其是我们在进行设计创作时，没有直观的物体与图像做参照，要将头脑中所构思设计的造型准确表现出来可不是一件简单的事情，很多时候画的和想的区别甚大，以至最后的效果不理想。怎样把这些心中所想的千差万别，丰富多彩的造型准确表现到位，就成了我们手绘表现必须解决的一个重要问题。

要解决好这个问题，就要运用到立体空间思维与表现这个部分的内容。首先，我们可以将诸多的设计元素都看作是"物体"，既然是有形的"物体"，就可以将它们还原成物体最基本的形态，也就是说所有的设计元素不论其造型如何变化，都可以将它们总结、归纳、分解为基本的单体元素：几何形体，以下是几种常见的基本单体元素。

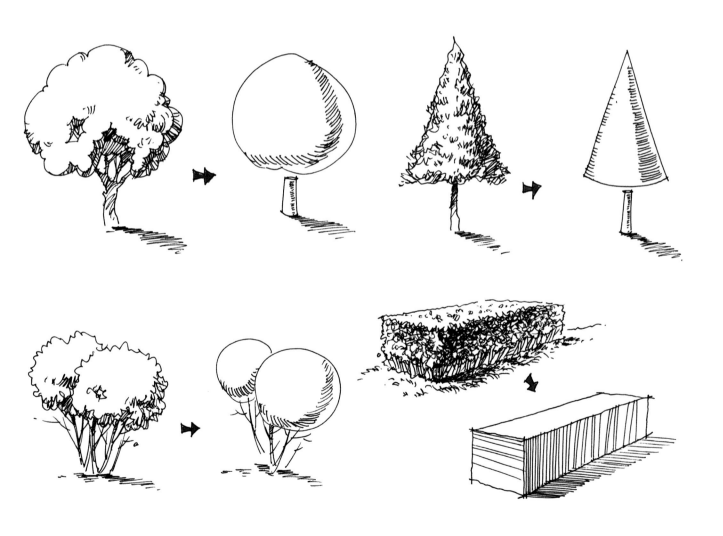

图1-1　基本单体元素

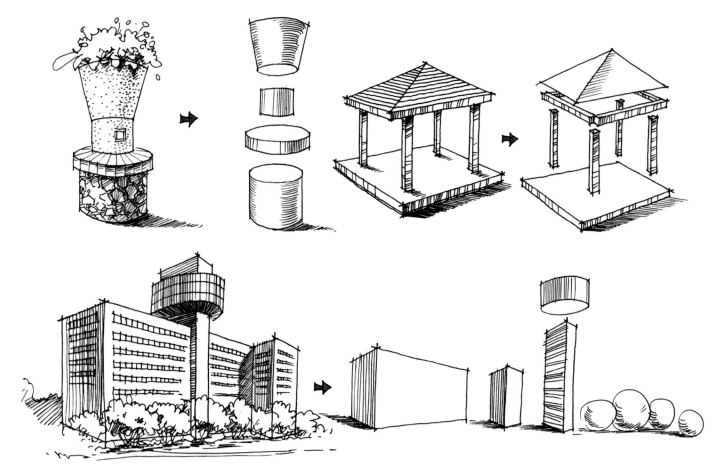

图 1-2　体块组合

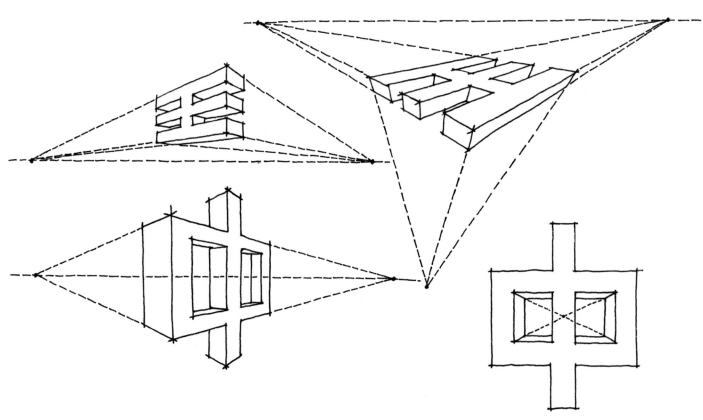

图 1-3　立体文字练习

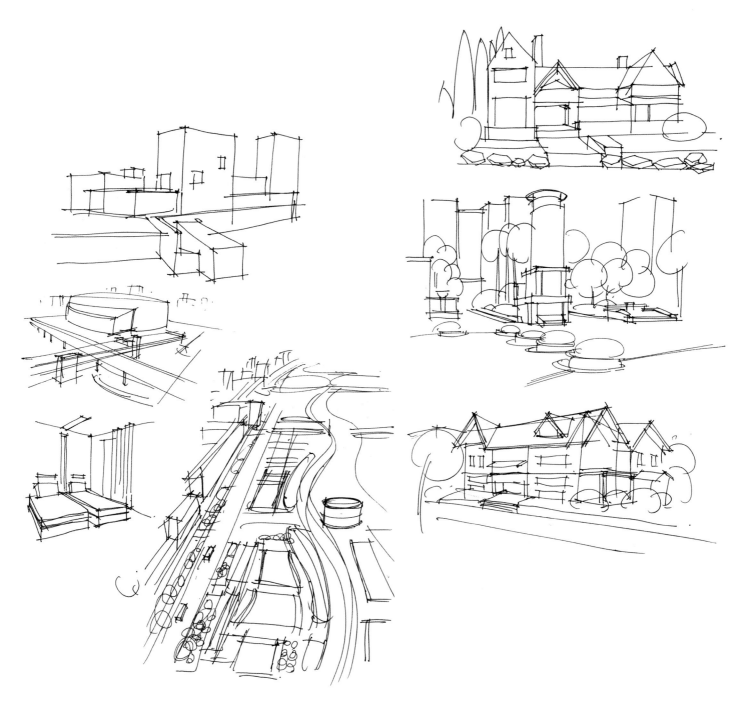

图1-4　形体归纳组合练习

图 1-5-1　立体空间练习（1）

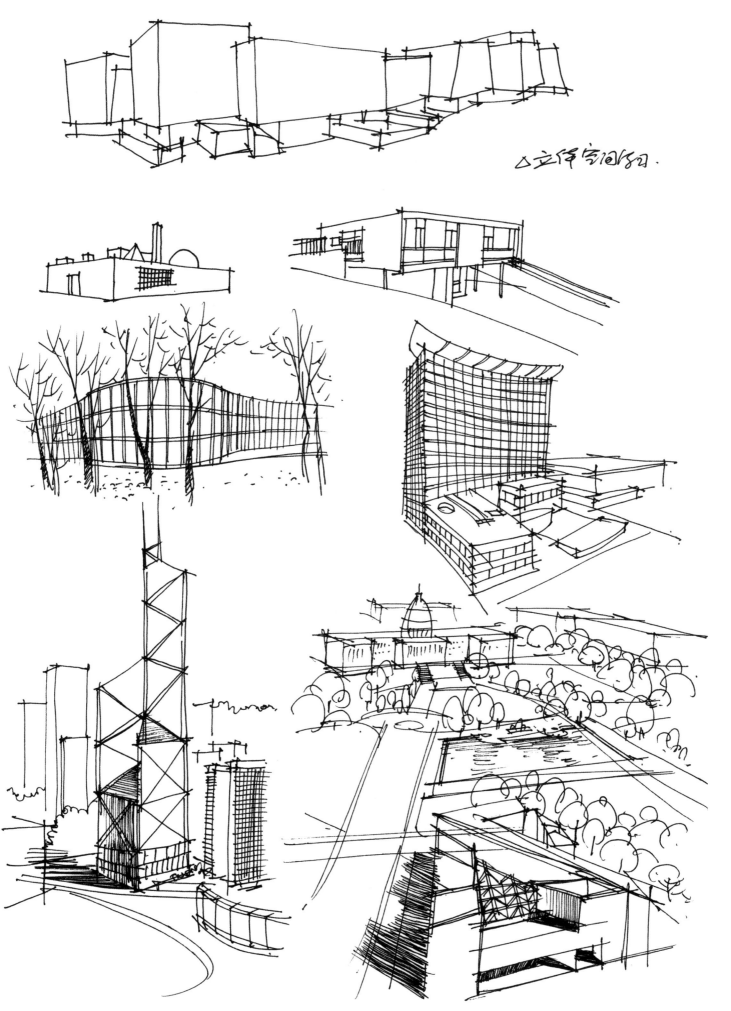

△立体空间练习.

图 1-5-2 立体空间练习(2)

第二章
手绘设计表现技法

- 设计元素表现
- 整体空间表现

这里我们不再单纯地讲解手绘表现的技法，而是把技法充分融入到园林景观设计的创作过程中，重在设计工作中的实践应用，更贴近于实战。按照园林景观设计的内容，将其分为：设计元素表现和整体空间表现两个方面。

一、设计元素表现

园林景观设计涵盖的内容非常多，是由一系列的设计元素所构成的，如：植物、小品、建筑、石头、水体、铺地等，要想将整个空间场景很好地表现出来，就必须首先把主要的设计元素表现好。通过此部分内容的学习，我们应该了解并掌握常见园林景观之设计元素的手绘表现技法，直至在后期的设计创作实践中熟练运用它们，就相当于计算机中存储的图库一般，需要时可以迅速随意调用。

1. 植物表现

在我们的世界中，大自然孕育出各种生命，除动物外，植物是很大的一部分，它是人们不可或缺的朋友，特别是在园林景观设计中，植物的造景设计是很重要的一部分，所以在相应的设计表现图中各类植物的表现是我们学习的重点之一。不同种类的植物体现的效果各不相同，我们在表现时一定要加以区别，运用适合的技法技巧充分表现出每种植物的特征，这样才能使观者在面对设计表现图时直观明确地认知到在此设计中采用了何种植物，包括它们的造型、色彩以及大小等。植物数量众多，种类繁杂，但就手绘表现而言，从造型特点上我们可以将其分为乔木、灌木、花卉、藤木、草坪草地；从叶片特点上，我们又可以分为阔叶、小叶和针叶等。当然，还可以分为常绿树和落叶树。

很多初学者在面对画面中数量众多、各式各样的植物时，往往"头大"，不知所措。画吧，无从下手；不画吧，又说不过去。想画好植物，首先要充分了解所画植物的特征，它的外观整体造型是怎样的？它的枝干是怎样的？它的叶片是怎样的？等等，只有认真分析并掌握了该种植物的特征，才有可能将其表现出来，通过多次的练习，逐渐默记下它们各自的特征特点，在设计创作中根据自己的需要，"信手拈来"；其次，在具体运笔时，线条线描与上色笔触都一定要生动、灵活、有变化，要充分表现出植物欣欣向荣、郁郁葱葱、富有生命力的特点，不能呆板僵化；再次，还应该学会提炼、概括，不论是一棵树，还是一片树，看起来都是很复杂的，"零部件"很多，光叶子就不计其数了，所以一定要对其进行归纳与总结，该深入的深入，该概括的概括；最后，在表现时还要有整体观察的概念，先整体后局部，有主有次，有虚有实，千万不能一上来就紧盯着某个局部画，全然不顾整体的效果，这样会画"过"了，把不该画的地方也画了，或是影响了整个植物造型的准确性，造成无法更改的错误。

此外，在表现植物造型的同时，还要注意表现它的明暗关系与体积感，不能画"平"了，没有分量感。主要的植物其亮面可以少画，多一些留白，暗面可以用一些重叠交织的乱线来画，还要表现出投影；次要的植物可以用线描把大的形体结构勾勒出来，然后用色彩来表现明暗关系就可以了。

松

雪松

广玉兰

香樟

图 2-1-1　常见植物表现 1—线稿

松

雪松

广玉兰

香樟

图 2-1-2 常见植物表现 1—色稿

棕榈

枫香

紫叶李

连翘

图 2-2-1　常见植物表现 2-线稿

棕榈

枫香

紫叶李

连翘

图 2-2-2　常见植物表现 2—色稿

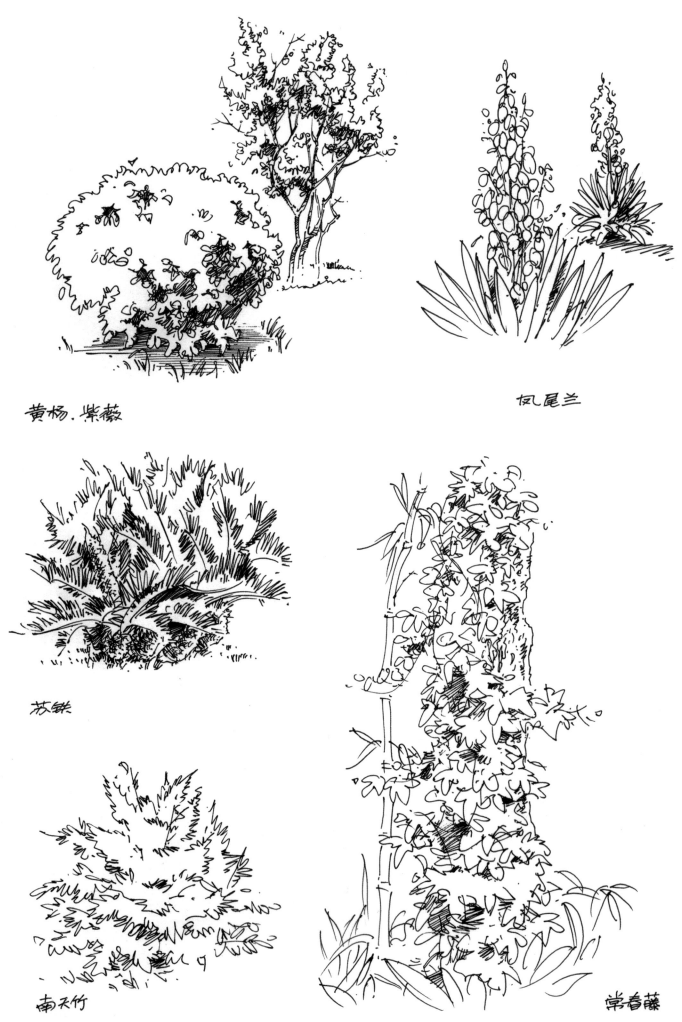

黄杨·紫薇

凤尾兰

苏铁

南天竹

常春藤

图 2-3-1　常见植物表现 3—线稿

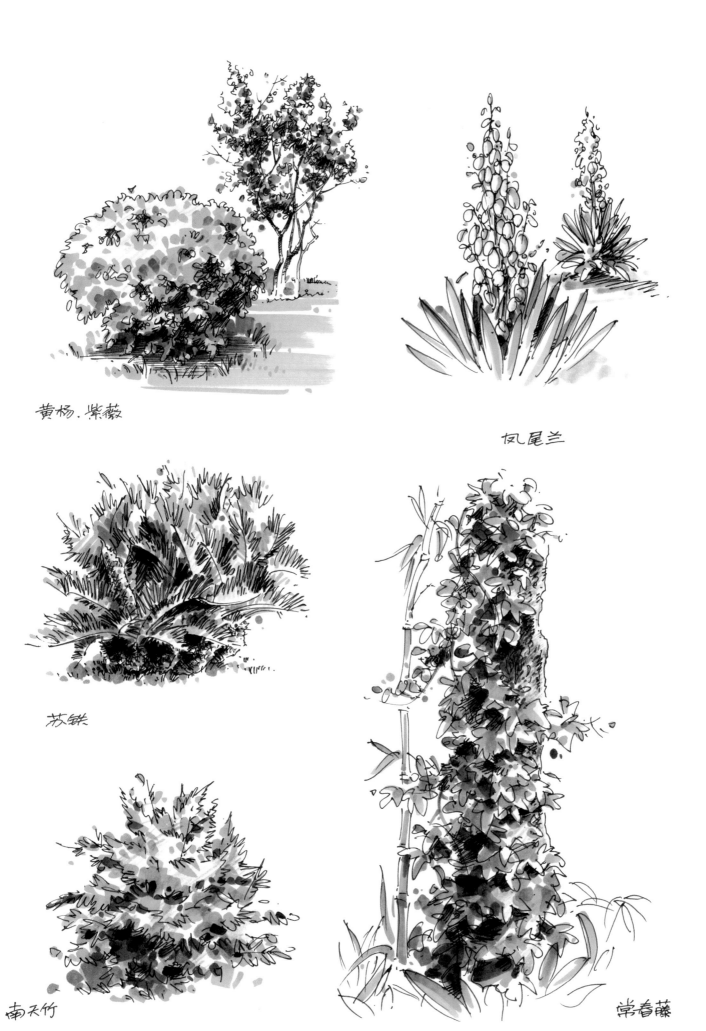

黄杨.紫薇

凤尾兰

苏铁

南天竹

常春藤

图 2-3-2 常见植物表现 3— 色稿

图 2-4　乔木的画法

图 2-5　灌木的画法

图 2-6　花卉的画法

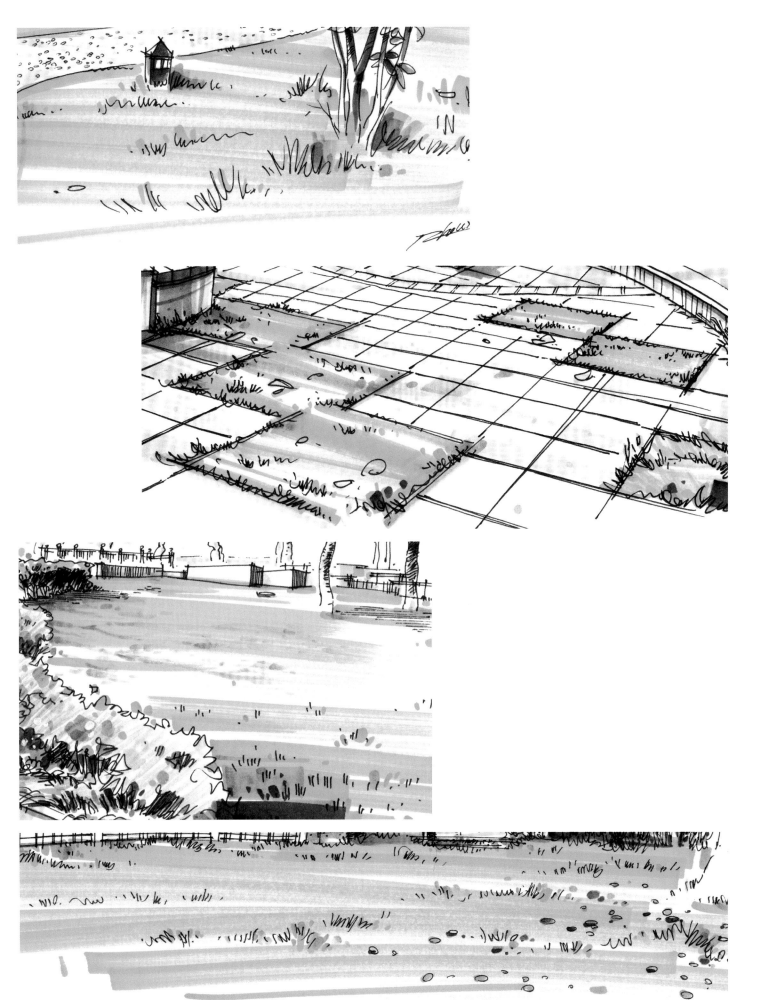

图 2-7　草坪的画法

除了各种单体植物的表现以外，还要着重加强学习植物之间的组合表现方法。植物与其它的设计元素不同，在一个场景中往往有很多植物，它们的种类、形态、在空间中的位置都不尽相同，这就要求我们还要学会将这些植物合理地进行分组，要按照它们在空间中的不同位置以及在画面中的主次地位，来运用不同的技法表现它们之间的各种关系，而不是把每棵植物都按照单体的画法来画。要知道，即便是同一种植物，只要在场景中的空间关系或主次关系不同，所采用的技法、涂上的颜色、表现的效果都是不一样的。

我们习惯于把一个场景画面中的各种景物分为近景、中景、远景三个层次，当然，首先在前期的透视构图时就要对其有所考虑。一般来说中景的景物大多是整个画面的主体，即需要重点深入刻画表现的部位，近景和远景多半是为了衬托中景的主体地位，所以多数时候不需表现得过于细致，特别是远景，只要概括性地表现出远处是些什么内容就可以了。

此外，鸟瞰的植物也是经常要表现的内容。由于在鸟瞰图中视平线很高，透视角度不同，相比一般平视而言植物顶部的效果表现得比较多，树干受到枝叶的遮挡，看到的较少，植物的高度要矮一些，特别是树干比平视要短，有时甚至不画树干。

图 2-8　近景的植物表现

图 2-9　中景的植物表现

图 2-10 远景的植物表现

图 2—11 鸟瞰的植物表现

2．小品表现

我们时常提到的：亭、台、楼、阁中的亭阁就属于景观小品，当然还有指示牌、雕塑、桌、椅凳、桥、池等。景观小品属于"人造物"，具有功能性与观赏性，是园林景观设计中重要的组成部分。

表现小品，透视与形体结构一定要准，否则很容易看出问题，影响画面效果，要运用好透视与空间思维表现的技巧和方法，复杂的造型与结构可以先分解再组合，理清关系，从简单入手。此外，还要较好地表现出小品的明暗变化与体积感，还有饰面材料的质感与肌理，是金属的，还是石材的？是光滑的，还是粗糙的？等等。

图 2-12-1 小品表现 1-线稿

图 2-12-2 小品表现 1-色稿

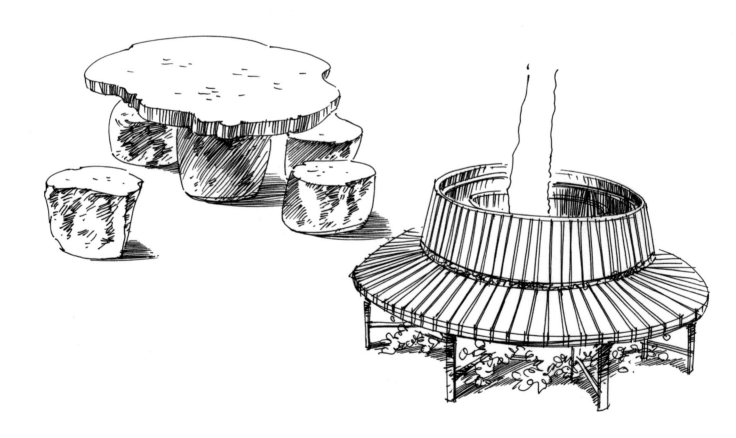

图 2-13-1　座椅表现－线稿

图 2-13-2　座椅表现－色稿

图 2-14-1　小品表现 2—线稿

图 2-14-2 小品表现 2- 色稿

图 2—15 小品表现 3

图 2-16　小品表现 4

图 2-17　建筑表现 1

图 2-18　建筑表现 2

3. 建筑表现

　　无论是建筑设计表现，还是园林景观设计表现，对于建筑的表现都是不可或缺的内容，区别在于建筑在其中是主体，还是次体？在建筑设计表现图中，主要表现的是建筑的设计效果，那么建筑就应该成为图中重点刻画的内容，除表现其形体结构和色彩外，还要表现一定的细部及质感，如图 2-17、18、19 所示。而在园林景观设计表现图中，建筑是起陪衬作用的配景，应该表现得概括些，把基本的形体表现出来即可，如图 2-20、21、22 所示。

图 2-19　建筑表现 3

图 2-20 建筑表现 4

图 2-21 建筑表现 5

图 2-22 建筑表现 6

4. 石头表现

古人云："无石不成园"。从古到今，石在造园设计中都是必不可少的，素有"点睛石"之说。石头的特点是硬朗、有分量，棱角较为分明，所以石头表现的重点就在于表现质感与体量。一要下笔干脆利落，一般以直线、折线为主；二要处理好明暗关系，黑白分明，形体要有块面状的感觉。

在勾画出石头大的形体结构后，可以用一些短线排列组合来表现石头的质感与暗部，也可以再加一些点，上色时还可以结合彩铅来更好地表现其粗糙的质感。石头一般也是成组出现的，在表现时也要有主次虚实之分。

图 2-23　石头表现

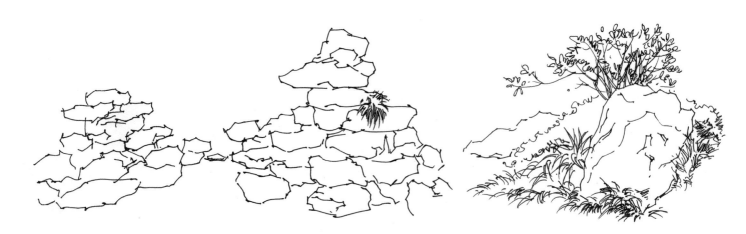

图 2-24　石头组合表现－线稿步骤

图 2-25　石头组合表现 - 线稿

图 2-26　石头组合表现 - 色稿

5. 水体表现

水是园林景观设计中一个永恒的主题，"园以水活"反映了水在设计中的重要性。水景设计中的水有平静的、流动的、跌落的和喷涌的四种形式。水，无色无味无形，初看不知该如何表现，细细分析后，我们会发现水体的表现与其它元素不同，有一定难度，要：慎画，少画，力求精练、概括，切忌将整个水面全部画满涂满。其实画水，关键在于画倒影，这是因为水的表现主要是通过周边其它的物体如植物、石头、小品、建筑等的倒影所衬托出来的。

画好水体，应该注意以下几个方面：一、线条笔触一定要柔和而有动感，多用较为连续、流畅的曲线。二、一定要注意留白，不能都画满了，因为首先水面会反光，用留白来表现亮面高光，我们以表现水岸交接的物体投影或倒影为主，其次水体要概括的表现，一般都是近处的水面基本就不画了，以留白的形式处理。三、上色时颜色要选准，由于水体的质感是光亮、润泽而透明的，比较适合用马克笔来上色，主要用蓝绿色及蓝色来表现水体的颜色，象韩国 Touch 马克笔可以使用其中的 63、67、68、76 等色号，关键地方还可以用白笔或修正液来点出高光。四、宁静的水面与流动激荡的水面表现效果是不同的，宁静的水面倒影比较清晰，马克笔上色主要采用水平的笔触；急速流动的水，或水面波动时倒影会扭曲、动荡，除水平的笔触外，还可以根据水面流动或波动的走向采用一些曲线的笔触，以表现水体"动"的感觉。

图 2-27　水体表现 1

图 2-28　水体表现 2

图 2-29　水体表现 3

图 2-30　水体表现 4

图 2-31　水体表现 5

6．铺地表现

铺地是指地面的铺装，它首先给使用者提供了方便、坚固、耐磨的活动空间，具有方便行人、保护地面的功能，同时还具有引导性，通过路线的布局和铺装的图案给行人以方向感，指引他们到达目的地，也可以通过凹凸不平的路面设计来防止行人误走乱闯或是限定车辆的驶入；除功能性外，铺地还具有艺术性，特别是蜿蜒曲折的路线布局和形态多样的图案肌理，给人以美的感受。

由于铺地是表现地面的效果，往往比较平整且路线距离可能较长，所以在表现铺地时，透视一定要准，不仅整个铺地大的透视要准，而且铺地上的图案纹理也要按照透视的基本规律，即近大远小来表现，否则原本水平的地面会产生上坡或下坡的错觉，造成铺地表现的混乱，影响整个画面的效果；另外，表现流线型铺地的线条要流畅、肯定，不可毛糙，初学者可以采用分段画线的方法来表现。

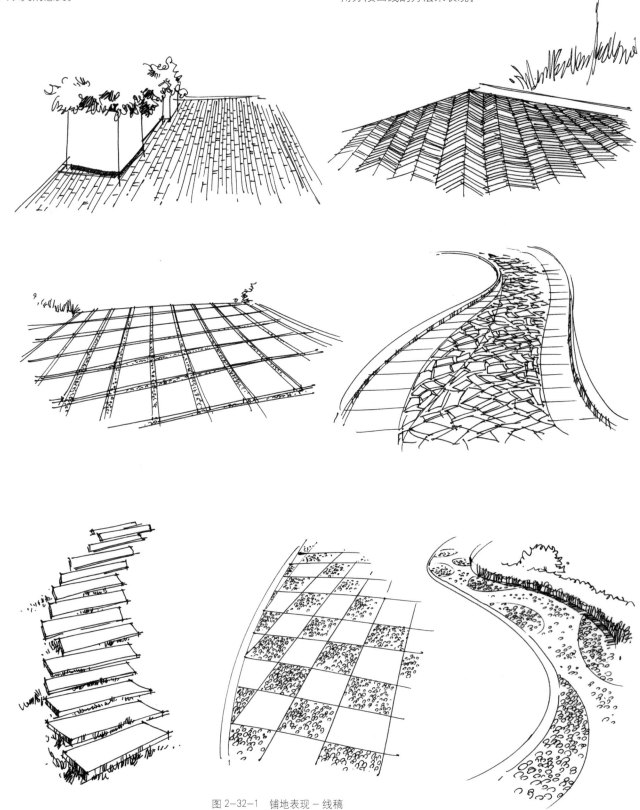

图 2-32-1　铺地表现－线稿

图 2-32-2 铺地表现－色稿

二、整体空间表现

前面我们学习了几种主要设计元素的表现技法与技巧，这还只是第一步，因为每一个设计方案都不是某一种单一的设计元素构成的，而是根据使用者的功能要求由多种设计元素按照一定的设计方法与规律所组成的，这样就形成了一个较为完整的空间环境的效果，那么接下来我们将学习这些相对完整空间场景效果的表现方法。

想把整体空间的设计效果表现好是比较有难度的，因为在整体空间中，要表现的空间场景尺度面积往往较大，其中的设计元素内容很多，它们所处的位置与层次又各不相同，物体的造型与结构也比较复杂，所以在表现整体空间的效果时，千万不能急于下笔，既不分析，也不思考，而要"意在笔先"，做到"胸有成竹"，这样才能达到事半功倍的效果。

对于所要表现的场景，在下笔前，我们要认真分析其构图、布局、透视、尺度、比例、线条、笔触、明暗、色彩、质感、主要物体的造型与结构特征；理清主要物体与次要物体的空间关系、虚实关系、层次关系；包括作画时的先后步骤程序等。尤其要注意视平线与消失点在画面中位置的选择，因为这将确定整个空间（画面）的透视关系，对作品的整体效果有着举足轻重的影响。

1．局部小景表现

图 2-33-1　《小景组合表现》步骤 1

∧ 先用铅笔辅助起稿，再用针管笔完成线描正稿。此图山石与流水是表现的重点，要表现好山石的质感与流水的动感，还要表现出不同植物的形态特征，如：竹子、灌木、草地植被等。

图 2-33-2　《小景组合表现》步骤 2

∧ 开始上色，先用马克笔铺出大体色调，以表现景物的固有色为主，注意留白，切不可一上来就对所有景物大面积涂色。

图 2-33-3　《小景组合表现》步骤 3

∧ 继续上色，对主要景物进行深入刻画，用色宜近暖远冷，加强前后的空间层次，注意处理好画面的主次虚实关系。

图 2-33-4　《小景组合表现》完成图　针管笔　马克笔　彩铅　复印纸

∧　用彩铅表现山石的质感，并统一整个画面的色彩，最后用白笔提水面的高光，完成。

图 2-34-1 《度假酒店小景》步骤 1

∧ 在铅笔辅助线的基础上用针管笔完成线稿，该作刻画深入、表现细腻，线描这步是其成功与否的关键。在勾画线稿时一定要仔细、沉稳而有耐心，不可急躁。

图 2-34-2 《度假酒店小景》步骤 2

∧ 先用马克笔大笔铺出木板平台的颜色，用笔要随形体透视的方向，可以通过叠加表现一定的色彩变化，再上灌木和草坪的颜色，先以暖色为主。

图 2-34-3 《度假酒店小景》步骤 3

∧ 由近及远接着上植物的颜色，远景植物的颜色以冷色为主，再进一步表现平台色彩的冷暖变化。

图 2-34-4 《度假酒店小景》步骤 4

∧ 仔细刻画休闲躺椅，蓝色的椅面和红色的毛巾是整个画面的点睛之色，遮阳伞以留白为主，通过周围的重色衬托出它的形体。继续深入表现主要的植物，并交代下路面的色彩。

图 2-34-5 《度假酒店小景》步骤 5

∧ 用深色表现景物的暗部及投影，加强物体的明暗关系与整个画面的黑白灰关系。深色、重色在一幅手绘作品中是必要、也是重要的，要敢画、会画。

图 2-34-6 《度假酒店小景》完成图 针管笔 马克笔 彩铅 绘图纸

∧ 最后用艳色点缀一些鲜花，用彩铅过渡并统一色彩的变化，调整，完成。

图 2-35　《庭院入口景观》　针管笔　马克笔　彩铅　复印纸

▲ 上色不在于多，关键是要突出重点，门头小品与灯笼、植物共同营造出浓郁的中式庭院氛围。

图 2-36　《居住区小景》　针管笔　马克笔　彩铅　复印纸

▲ 对游乐设施及廊架的表现刻画，凸显出居住区共享空间景观所具有的休憩、亲子的功能。

2．整体全景表现

● 居住区入口水景项目透视效果表现

角度一：鸟瞰图

鸟瞰图的表现相比平视透视图要难一些，因为在图中要表现出整个场地中几乎所有的景物，透视关系也更为复杂，所以鸟瞰图线稿表现的好坏就显得尤为关键。

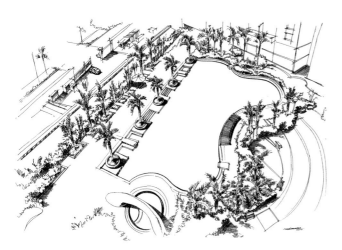

图 2-37-1　《居住区入口水景鸟瞰》步骤 1

∧ 此图曲线型水景泳池的形体轮廓表现是重点，用线要准确、流畅、干净，植物的用线则要生动、自由，以此形成鲜明的对比。

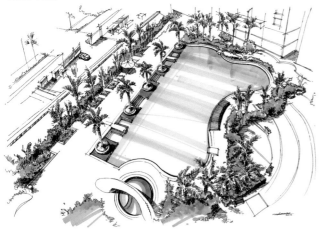

图 2-37-2　《居住区入口水景鸟瞰》步骤 2

∧ 用马克笔大胆铺出水体的主色，用笔要干脆、果断，下笔前可以多考虑下，一旦下笔就不可犹豫，注意留白以及笔触、色彩的变化，不要画得呆板无趣，再趁湿点出几笔远景植物的倒影。接着用草绿色画出植物的主色，用棕色画出泳池平台和休息座椅的颜色。

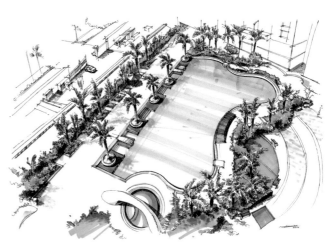

图 2-37-3　《居住区入口水景鸟瞰》步骤 3

∧ 再用翠绿色画出植物的暗部，用橄榄绿画出树干，用浅紫灰色画出景物的投影及铺地，用几笔红色点出阳伞。

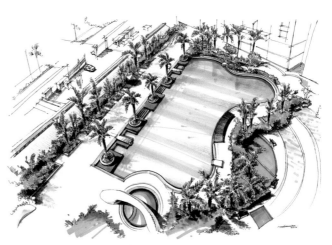

图 2-37-4　《居住区入口水景鸟瞰》步骤 4

∧ 开始深入刻画，用深蓝色画出泳池在水面的倒影，用深色加重景物的暗部及投影，用紫红色点缀出花卉，然后用彩铅过渡色彩，表现水面的微波等细节。

图 2-37-5　《居住区入口水景鸟瞰》完成图　针管笔　马克笔　彩铅　复印纸

∧ 继续用彩铅刻画细部，并调整统一画面，最后用白笔点出喷泉水花及水面反光，完成。

角度二：节点透视图

此图表现的是前图的局部平视透视效果，大体作画步骤同前。

图 2-38-1　《居住区入口水景》步骤1

图 2-38-2 《居住区入口水景》步骤 2

图 2-38-3 《居住区入口水景》步骤 3

图 2-38-4 《居住区入口水景》完成图 针管笔 马克笔 彩铅 复印纸

● 娱乐会所建筑景观项目透视效果表现

角度一：鸟瞰图

该作重点表现的是会所的建筑群及附属水景，对形体和透视的准确把握是关键，有一定难度。

图2-39-1　《娱乐会所建筑景观鸟瞰》步骤1

图2-39-3　《娱乐会所建筑景观鸟瞰》步骤3

∧　线描阶段就要清楚地确定出画面景物的主次虚实，画面中景的建筑、廊道及水景是表现的重点。建筑直线的硬朗和景观曲线的柔美，充分表现出各自形态的特征，增强了画面的形式美。

∧　再画出屋顶、廊架、桌椅，顺势加些深色表现植物的暗部，画面的主要色彩基本表现完毕。

图2-39-2　《娱乐会所建筑景观鸟瞰》步骤2

图2-39-4　《娱乐会所建筑景观鸟瞰》步骤4

∧　先铺出大体色彩：植物、水体、建筑暗面，注意色彩和笔触的变化，植物用色宜近暖远冷，以加强空间关系。

∧　用重色小心画出主要建筑和植物的暗部及投影，加强景物的体积感，廊架的投影表现是整个画面的亮点。

图 2-39-5 《娱乐会所建筑景观鸟瞰》完成图 针管笔 马克笔 彩铅 复印纸

∧ 轻松点出近景植物的投影和远景建筑的明暗变化，最后用彩铅过渡色彩，并深入表现主要建筑的细部和质感，调整，完成。

角度二：节点透视图1

此图与前图相比，景观部分表现得更多一些，大面积的泳池水景是表现的难点，既要表现到位，又不能喧宾夺主，抢了景观和建筑的风头，大体作画步骤同前。

图2-40-1 《娱乐会所建筑景观一》步骤1

图2-40-2 《娱乐会所建筑景观一》步骤2

图2-40-3 《娱乐会所建筑景观一》步骤3

图2-40-4 《娱乐会所建筑景观一》步骤4

图 2-40-5 《娱乐会所建筑景观一》完成图 针管笔 马克笔 彩铅 复印纸

角度三：节点透视图 2

这个角度更多是表现建筑部分的效果，形体结构和透视的表现要准确，此图用时不长，但言简意赅，主体突出，属于短时间的快速表现，大体作画步骤同前。

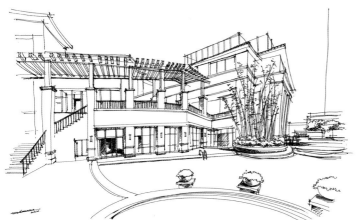

图 2-41-1 《娱乐会所建筑景观二》步骤 1

图 2-41-2 《娱乐会所建筑景观二》步骤 2

图 2-41-3 《娱乐会所建筑景观二》步骤 3

图 2-41-4 《娱乐会所建筑景观二》步骤 4

图 2-41-5 《娱乐会所建筑景观二》完成图 针管笔 马克笔 彩铅 复印纸

● 高档居住区中央景观项目效果表现

平面图

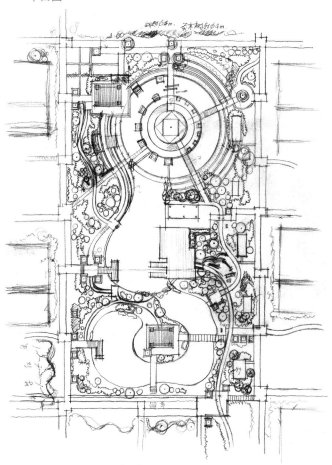

图 2-42-1 《高档居住区中央景观平面图》步骤 1

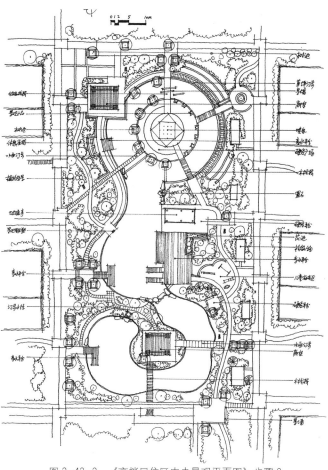

图 2-42-2 《高档居住区中央景观平面图》步骤 2

∧ 首先根据平面草图，借助尺规工具在正图画纸上用铅笔辅助起稿，尺度、比例要准确。或是采取拷贝的方式用铅笔把底稿拓画转印到正图上。

∧ 用针管笔在辅助线的基础上开始画正稿，可以直接徒手勾画，也可以借助工具拉线。直接徒手，不仅画面更有韵味，且用时较短；借助工具，则更易上手，且在尺度比例及造型的准确度上能大大提高，两种方式各有所长，可相互结合运用。别忘了之后要把文字说明、尺度、比例、朝向在图上标注出来。

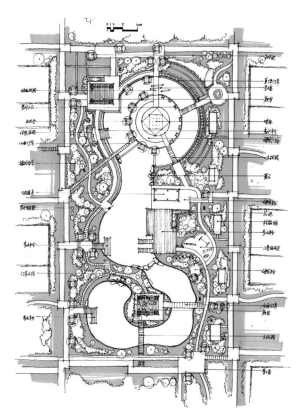

图 2-42-3 《高档居住区中央景观平面图》步骤 3

< 上色前，要先拟定来光的方向，并以此确定所有景物的亮面和暗面。先用马克笔把草坪小心画出，尽量不要出界，笔触以平涂为主，场地中间用笔要"紧"一点，周边可以"松"一点。

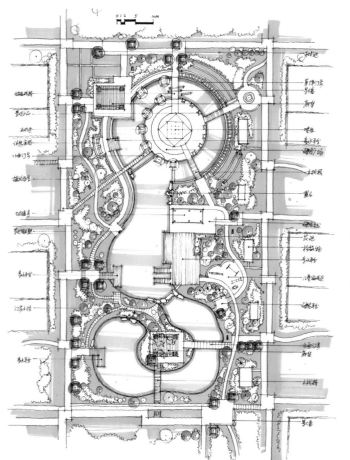

图 2-42-4 《高档居住区中央景观平面图》步骤 4

< 用蓝绿色把水体画出，注意笔触的排列及走向，再用稍深的蓝色把倒影画出。接着开始表现植物，先从主要的乔木画起，注意色彩的组合与搭配，可以通过运笔时的轻重缓急来表现植物的明暗变化，亮面适当留白，暗面适当加深。

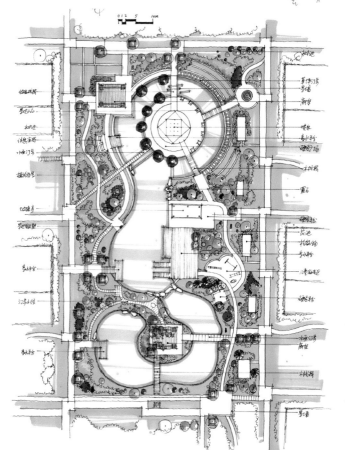

图 2-42-5 《高档居住区中央景观平面图》步骤 5

∧ 继续把灌木等剩下的植物表现完，同样要注意色彩和明暗的变化。

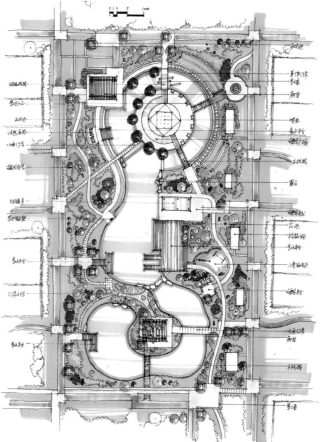

图 2-42-6 《高档居住区中央景观平面图》步骤 6

∧ 然后画廊架、构筑物、地面铺装等，大面积的区域要适当留白，用色也不宜过深。

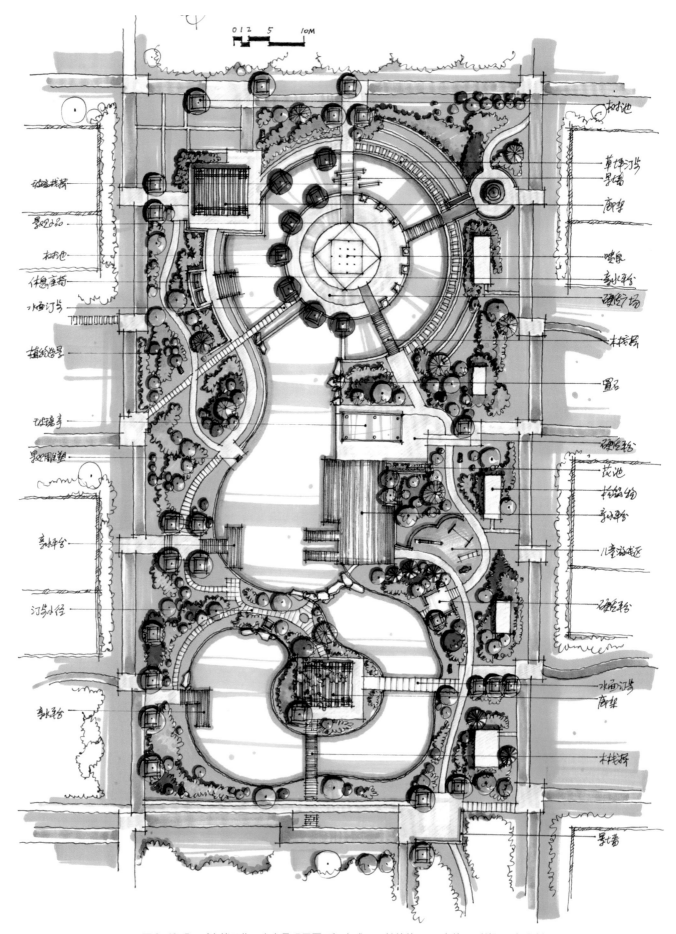

图 2-42-7 《高档居住区中央景观平面图》完成图 针管笔 马克笔 彩铅 复印纸

∧ 最后用重色画景物的投影，投影的位置要统一，要与来光的方向相对应，此外，投影的深浅也是有变化的，主要的景物投影可以深一些，次要的景物投影可以浅一些。之后，用彩铅过渡，调整，完成。

▲ 如何运用"方格对比透视法"快速将平面图转换成鸟瞰图（透视图）？

在手绘设计实践中，面对一个项目方案，通常是先出平面图，再根据平面出鸟瞰等透视图，这就存在一个如何将平面图快速准确地转换成透视图的问题。不少同学对此都没有特别好的办法，花了大量的时间，最后效果还不好。如有的同学完全严格按照透视作图法来画透视图，这样做虽然规范、标准，但耗时太长，直接影响画图的效率，没有必要；还有的同学则完全仅凭个人感觉来画透视图，这样做虽然快捷、省事，但透视极易出错，准确性会大大降低，直接影响画面的效果。

为此，我结合本人的经验体会并参考他人的方法形成了一套"方格对比快速透视法"。这种方法相对简便易行，既快速有效，避免标准透视作图法的繁琐不便，又基本符合透视的变化规律，在尺度、比例、透视关系上不出大的问题，能够比较快速、准确地将平面图转换成透视图。具体方法如下，供各位参考。

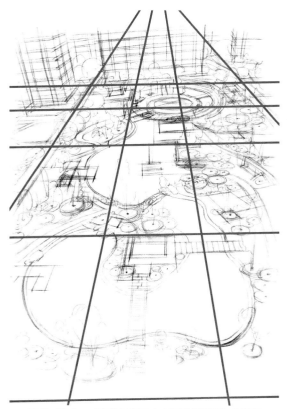

图 2-43-2 　《高档居住区中央景观鸟瞰图》步骤 2

∧ 根据拟表现的部位效果，选择适合的透视角度和位置。确定视平线、消失点，按照透视规律，用铅笔先把作为参照物的线条及方格的透视关系画出来。

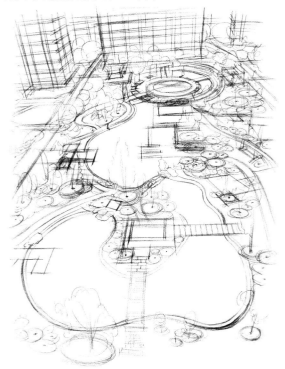

图 2-43-3 　《高档居住区中央景观鸟瞰图》步骤 3

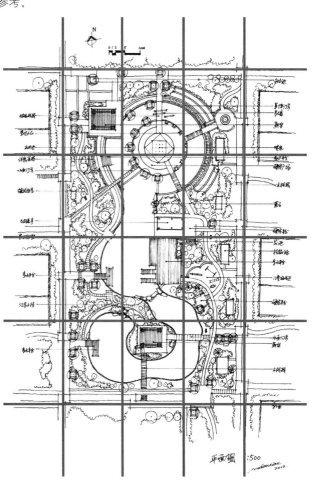

图 2-43-1 　《高档居住区中央景观鸟瞰图》步骤 1

∧ 先在平面图上用铅笔借助工具画出数量不等的水平线和垂直线，将主要设计部分划分出数个大小相同的方格。用于参照的线条及方格数量要合适，过多过少都不好，方格一般不宜超过 20 个。如本图用 5 条水平线、4 条垂直线相交，把场地景观部分划分出 12 个方格。

∧ 可以暂时先把平面图的内容看做只是二维的平面图形，再依据平面图把地平面的景物按近大远小的透视规律转换成透视图形，其间要不断以平面图与透视图中相对应的各条水平线、垂直线、方格为参照物，通过对比、比较，再加上自己感觉的方式确定平面内容在透视图上的位置及形态。

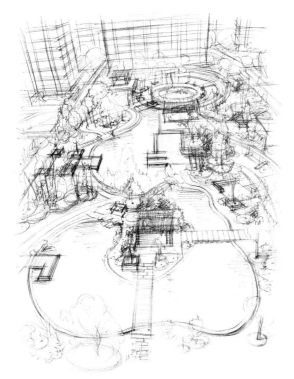

图 2-43-4 《高档居住区中央景观鸟瞰图》步骤 4

∧ 然后参照立面的设计，从平面上"升"出各个景物的高度，此时同样要注意尺度、比例、透视关系的准确把握，还要注意前后景物相互遮挡的关系。之后，在铅笔辅助草图的基础上，用针管笔画线描正稿。

角度一：鸟瞰图 1

此图视点较高，所表现的景观效果也更为丰富，基本展现了整个场景的设计效果，要处理好画面的主次虚实关系，以及空间的层次关系，不能因为景物众多，就乱了头绪，正确的步骤程序能够保证作画的最终效果。

图 2-44-1 《高档居住区中央景观鸟瞰一》步骤 1

∧ 用针管笔在铅笔草图的基础上开始画线稿，由于此图内容较为复杂，所以采取分片区的画法，先画远景。

图 2-44-2 《高档居住区中央景观鸟瞰一》步骤 2

∧ 再画中景，此图的中景及远景是表现重点。

图 2-44-3 《高档居住区中央景观鸟瞰一》步骤 3

∧ 接着画近景，之后擦去铅笔辅助线，完成线稿。

图 2-44-4 《高档居住区中央景观鸟瞰一》步骤 4

∧ 上色,先用暖色把草坪、主要的植物画出,植物的表现基本要与平面图的内容一致。

图 2-44-6 《高档居住区中央景观鸟瞰一》步骤 6

∧ 依次画出地面铺装、景物的暗部及投影等。

图 2-44-5 《高档居住区中央景观鸟瞰一》步骤 5

∧ 再用冷色画出远处的植物,并进一步表现植物的色彩变化,接着用蓝绿色扫出水景的主色,顺势点出水面倒影。

图 2-44-7 《高档居住区中央景观鸟瞰一》步骤 7

∧ 用重色加强景物的暗部及投影表现,增强明暗、色彩的对比,同时继续完善各景物色彩。

图 2-44-8 《高档居住区中央景观鸟瞰一》完成图 针管笔 马克笔 彩铅 复印纸

∧ 最后用彩铅统一整个画面色彩，调整，完成。

角度二：鸟瞰图 2

此图的透视角度与前图相似，但视点降低，其画面效果自然也有所不同，大体作画步骤同前。

图 2-45-1　《高档居住区中央景观鸟瞰二》步骤 1

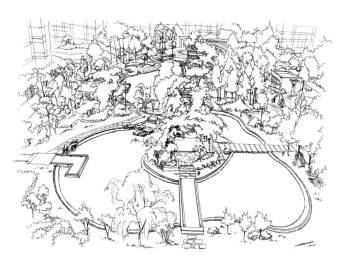

图 2-45-4　《高档居住区中央景观鸟瞰二》步骤 4

图 2-45-2　《高档居住区中央景观鸟瞰二》步骤 2

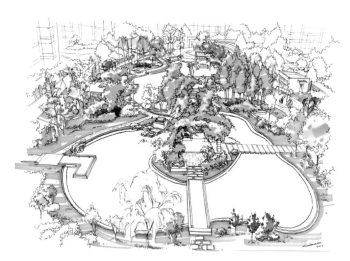

图 2-45-5　《高档居住区中央景观鸟瞰二》步骤 5

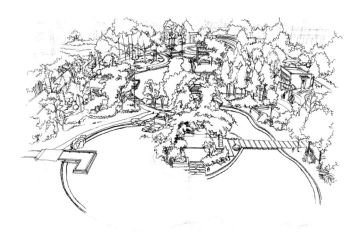

图 2-45-3　《高档居住区中央景观鸟瞰二》步骤 3

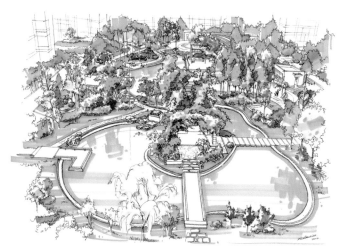

图 2-45-6　《高档居住区中央景观鸟瞰二》步骤 6

图 2-45-7 《高档居住区中央景观鸟瞰二》步骤 7

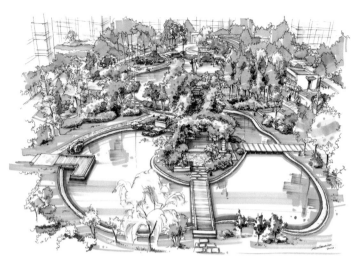

图 2-45-8 《高档居住区中央景观鸟瞰二》步骤 8

图 2-45-9 《高档居住区中央景观鸟瞰二》完成图 针管笔 马克笔 彩铅 复印纸

角度三：节点透视图 1

从本图开始，连同后图共六张均为该设计项目不同局部节点的透视效果展示，各位可以对照平面图，找找看每幅图所对应的位置。

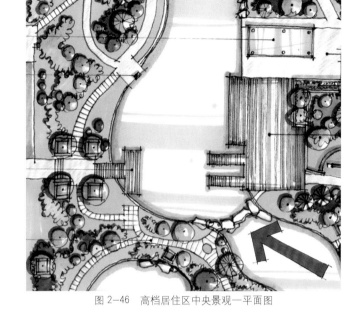

图 2-46　高档居住区中央景观一平面图

图 2-47-1　《高档居住区中央景观一》步骤 1

∧　先用马克笔铺出植物的主色，近暖远冷。

图 2-47-3　《高档居住区中央景观一》步骤 3

∧　画出平台、山石、建筑，山石要刻画深入些，它们是此图表现的主体之一。

图 2-47-2　《高档居住区中央景观一》步骤 2

∧　继续表现植物的色彩变化，再把水面表现出来，用笔要大胆、明快。

图 2-47-4　《高档居住区中央景观一》步骤 4

∧　再次加强水面的色彩变化，然后用重色加深主要景物的暗部及投影。

图 2-47-5 《高档居住区中央景观一》完成图 针管笔 马克笔 彩铅 复印纸

∧ 最后加一点彩铅，调整画面，完成。

角度四：节点透视图 2

这个角度的近景是大面积的水体，所以主要表现的是中景及远景的效果，此图重点不在于细扣某些局部，而在于协调处理好整个画面各景物间的关系，大体作画步骤同前。

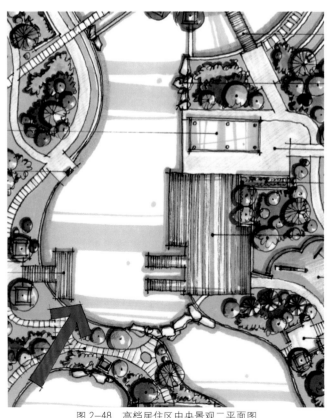

图 2-48 高档居住区中央景观二平面图

图 2-49-1 《高档居住区中央景观二》步骤 1

图 2-49-3 《高档居住区中央景观二》步骤 3

图 2-49-2 《高档居住区中央景观二》步骤 2

图 2-49-4 《高档居住区中央景观二》步骤 4

图 2-49-5 《高档居住区中央景观二》完成图 针管笔 马克笔 彩铅 复印纸

角度五：节点透视图 3

此图重点表现的是中景植物、平台、山石的效果，近景平台倒影与远景建筑的不同处理很好地拉开了空间距离，点缀几个人物，增加了画面的情趣，大体作画步骤同前。

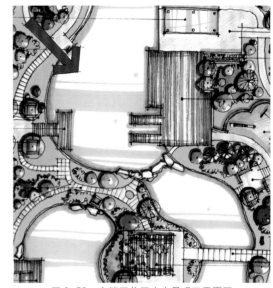

图 2-50　高档居住区中央景观三平面图

图 2-51-1　《高档居住区中央景观三》步骤 1

图 2-51-3　《高档居住区中央景观三》步骤 3

图 2-51-2　《高档居住区中央景观三》步骤 2

图 2-51-4　《高档居住区中央景观三》步骤 4

图 2-51-5 《高档居住区中央景观三》完成图 针管笔 马克笔 彩铅 复印纸

角度六：节点透视图 4

此图有几个难点，一是要表现好圆弧形体的透视关系；二是要刻画好近景雕塑的造型特点；三是要处理好竹丛的明暗关系，理清亮面和暗面，要把它们看做是一个整体，不要画乱了，大体作画步骤同前。

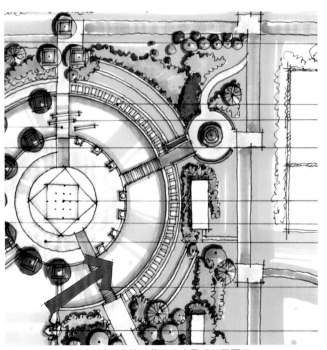

图 2-52 高档居住区中央景观四平面图

图 2-53-1　《高档居住区中央景观四》步骤 1　　　　图 2-53-3　《高档居住区中央景观四》步骤 3

图 2-53-2　《高档居住区中央景观四》步骤 2　　　　图 2-53-4　《高档居住区中央景观四》步骤 4

图 2-53-5　《高档居住区中央景观四》完成图　针管笔　马克笔　彩铅　复印纸

角度七：节点透视图 5

此图景物众多，要处理好画面的主次虚实关系，以及空间层次关系，树池中的红叶乔木是画面的亮点，要表现到位，大体作画步骤同前。

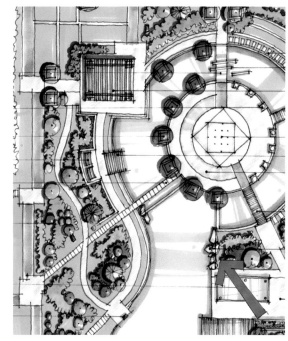

图 2-54　高档居住区中央景观五平面图

图 2-55-1　《高档居住区中央景观五》步骤 1

图 2-55-3　《高档居住区中央景观五》步骤 3

图 2-55-2　《高档居住区中央景观五》步骤 2

图 2-55-4　《高档居住区中央景观五》步骤 4

图 2-55-5 《高档居住区中央景观五》完成图 针管笔 马克笔 彩铅 复印纸

角度八：节点透视图6

此图主要展示了儿童游乐区的效果，对游乐设施以及配景人物的刻画是表现的重点，对景物暗部及投影的表现也很关键，既充分表现了画面的光感，又加强了明暗对比，很好地处理了黑白灰的关系，大体作画步骤同前。

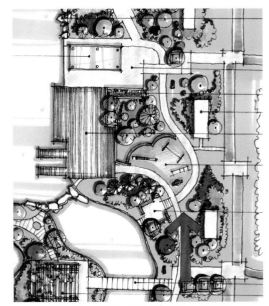

图 2-56 高档居住区中央景观六平面图

图 2-57-1 《高档居住区中央景观六》步骤 1

图 2-57-3 《高档居住区中央景观六》步骤 3

图 2-57-2 《高档居住区中央景观六》步骤 2

图 2-57-4 《高档居住区中央景观六》步骤 4

图 2-57-5　《高档居住区中央景观六》完成图　针管笔　马克笔　彩铅　复印纸

图 2-58 《居住区入口景观》 签字笔 马克笔 彩铅 复印纸

▲ 准确刻画的建筑表现了入口的主体，小车的点缀增加了人气，大笔扫出的植物投影丰富了大面积的近景路面。

图 2-59 《主题会馆建筑景观》 签字笔 马克笔 彩铅 绘图纸

▲ 鸟瞰的角度，把平台、木桥、植物、景墙、小径、水景等都尽收眼底，但要处理好各自的关系，做到杂而不乱。

第三章
综合表现技法

综合表现技法不是特指某一种技法，而是指包括彩铅、马克笔、水彩、透明水色、水粉等在内的多种技法。

根据表现图画面内容与作画时间的不同，可以选择采用多种技法来表现，各种技法相互结合，以达到最佳的画面效果。就设计工作应用而言，马克笔、彩铅、水彩技法最为常用，所以在这里，我们主要介绍水彩技法的表现形式。

一、水彩表现技法

水彩表现简述

水彩表现与马克笔、彩铅表现相比，有一些独特的优势：一是更适合大画幅手绘作品的绘制，像景观规划设计的鸟瞰图、总平面图，由于场地面积较大，往往需要用到4K、2K，甚至1K的画纸来绘制，水彩笔、毛笔等软笔头可以非常自如地表现各种大小的笔触效果，既可大面积渲染，又可局部刻画，而马克笔和彩铅则更适合中小画幅的绘制；二是相比马克笔、彩铅，水彩作品整个画面的绘画性与艺术感染力都更强。

水彩颜料最基本的特点是颗粒细腻且透明，介于水粉和透明水色之间，色彩浓淡相宜，绘画表现技巧丰富，画面层次分明，特别适合表现结构变化丰富的空间环境。水彩可加强物体的透明度，特别是用在玻璃、水体、反光面等透明物体的质感上，透明和反光的物体表面很适合用水彩表现。上色的时候由浅入深，渲染时，尽可能避免叠笔，要一气呵成。

水彩表现技法要领

水彩表现的基础技法，主要有平涂、叠加、退晕三种手法。叠加、退晕是水彩表现中运用较多的技法，尤其是退晕技法，不仅有单色的退晕，也有多色的退晕，不仅色彩丰富，还能表现光感、透视感、空气感，画面润泽而有生气，这就是水彩渲染的表现效果。

叠加主要是采用水彩中的"干画法"来表现的，第二遍的颜色一定要等第一遍的颜色干透后才能上；而退晕则主要是采用"湿画法"来表现的，前后的颜色要想衔接过渡好，一定要趁湿上色，要很好地利用"水"的媒介作用，所以画好的关键在于：一是水分多少的掌握，二是时间的把握。退晕是水彩表现中最重要、最有难度的技法形式，说它最重要是因为空间场景及物体在光的作用下，色彩和明暗的变化都是逐渐过渡变化的，说它有难度，难就难在"逐渐过渡变化"这几个字上，想表现好退晕的效果，不是件容易的事情，只有在实践中勤加练习，逐步掌握其要领，才能在水彩技法中运用好。

另外，水彩技法表现时，一定别忘记要"留白表现"的内容。

图3-1　《水彩植物表现一》　针管笔　水彩　法国康颂水彩纸

图3-2　《水彩植物表现二》　针管笔　水彩　法国康颂水彩纸

图 3-3 《水彩汽车表现一》　针管笔　水彩　法国康颂水彩纸

图 3-4 《水彩汽车表现二》　针管笔　水彩　法国康颂水彩纸

图 3-5 《水彩人物表现一》　针管笔　水彩　法国康颂水彩纸

图 3-6 《水彩人物表现二》　针管笔　水彩　法国康颂水彩纸

图 3-7 《水彩灯具表现一》　针管笔　水彩　法国康颂水彩纸

图 3-8 《水彩灯具表现二》　针管笔　水彩　法国康颂水彩纸

水彩表现作画步骤

1. 透视线描底稿：起铅笔稿一定要轻，尽量不用或少用橡皮，否则会破坏画纸表面纤维，影响上色的效果。

2. 水彩技法的程序性很强，画之前要想好上色的步骤，以达到最佳效果。整个上色的程序是"由浅到深，先整体再局部"。一般先从天空、地面、大片植物等画面所占面积较多的地方入手。

3. 对建筑、景观小品与植物进行上色，物体投影的刻画是整个作画过程中难度较大，但又容易出效果的部分，要注意画面的主次关系，远近虚实关系。

4. 配景、物体高光的刻画。

注意：水彩里颜色"加深"（如投影、明暗交界线等部位）不能加或尽量少加黑色，否则会显脏、发灰。正确的做法是加普蓝、深红，这样调配出的色彩是有颜色倾向的。

图 3-9　常用水彩工具与材料

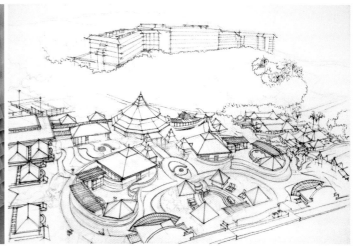

图 3-10-2　《海景酒店建筑景观》步骤 2

∧　用针管笔勾画正稿，从建筑画起，先画主要建筑，再画次要建筑，接着画道路、植物等。

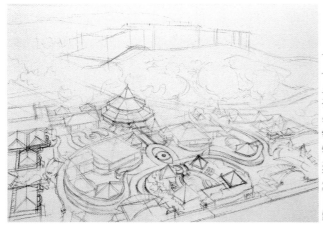

图 3-10-1　《海景酒店建筑景观》步骤 1

∧　先用 2B 铅笔在水彩纸上轻轻起稿，定出整个场景大的透视关系，以及各景物的位置和大小，建筑的形体结构要准，下笔尽量要轻，否则后面清除铅笔线时会把画纸擦毛，影响作画的效果。

图 3-10-3　《海景酒店建筑景观》步骤 3

∧　继续勾画出各种植物，注意主次及疏密关系，加上小品、人物等，直至完成线稿，擦去铅笔辅助线。

图 3-10-4　《海景酒店建筑景观》步骤 4

∧　上色，先从天空画起，迅速接出海面，用色要薄，趁湿把海岸及远景植物交代出来，此处要求一气呵成，一次到位。

图 3-10-6　《海景酒店建筑景观》步骤 6

∧　开始刻画近景的建筑、小品，暗部的色彩变化要表现到位，再顺势上点投影，之后把各种植物、泳池水景、道路表现出来，注意色彩以及明暗的变化。

图 3-10-5　《海景酒店建筑景观》步骤 5

∧　紧接着把中景植物大笔画出，再用小笔表现草坪与植物。

图 3-10-7　《海景酒店建筑景观》步骤 7

∧　用重色仔细画出主要景物的暗部及投影，要注意不同景物的投影变化，这步很关键，很大程度上决定了画面的最终效果。

图 3-10-8　《海景酒店建筑景观》完成图　针管笔　水彩　法国康颂水彩纸

∧　继续表现景物的暗部及投影，并对重点景物进一步深入刻画，最后点缀出配景人物，调整统一画面，完成。

水彩表现还有一种类似钢笔淡彩的画法，即在线稿的基础上，基本以水彩平涂上色的方式表现，其间稍微表现一点明暗及色彩变化。这种上色方法比较适合短时间的快速效果表现，如图 3-11 所示。

图 3-11-1 《别墅景观》步骤 1

∧ 在铅笔辅助的基础上用针管笔完成线稿，建筑的形体要表现准确，注意线条的流畅及变化。

图 3-11-3 《别墅景观》步骤 3

∧ 继续画中景及近景的植物，注意植物之间的色彩变化，近景植物的色调偏暖一些，鲜亮一点。

图 3-11-2 《别墅景观》步骤 2

∧ 先从天空开始上色，用湿画法大笔渲染出蓝天，接着画远树，整体色调可以偏冷一些。

图 3-11-4 《别墅景观》步骤 4

∧ 趁湿用小笔蘸清水把植物花卉"点洗"出来，再画水面，景物的倒影是表现的重点，用笔用色不能杂乱，变化中又要有统一。

图 3-11-5 《别墅景观》完成图 针管笔 水彩 法国康颂水彩纸

∧ 然后刻画主体建筑，注意处理好明暗及色彩关系，之后画出石块、人物，最后调整，直至完成。

二、透明水色技法

透明水色表现简述

透明水色技法的优点是画面色彩明快，空间形体的结构轮廓表达清晰，适于快速表现。其画面效果、上色技法、作画步骤都和水彩十分相似。

透明水色技法要领

1. 透明水色颜料的真正作用是画幻灯片用，故透明度非常高，色彩纯度也非常高，色分子很活跃。所以调色很关键，一般都要在所调颜色中加入少许黑色，以此降低它的纯度。

2. 调色时颜色尽量要调准，争取一次到位。透明水色颜料本身具有很强的透明性，因此渲染叠加的次数不能过多。

图 3-12　《居住区景观》／境外设计机构作品　水彩

三、水粉表现技法

水粉颜料具有相当的浓度，遮盖力强，适合较厚的着色方法。笔触可以重叠，能够修改。水粉表现也要注意水分多少的掌握，颜色不要调得过浓或过稀，水粉技法的特点是覆盖力很强，能很精细地表现所设计的空间场景与物体，包括空间气氛、物体光感、质感的充分表达。

与水彩技法的不同之处：

1. 线描底稿只需用铅笔完成即可。

2. 上色顺序可根据自己习惯而定，既可由浅入深，也可由深入浅。同水粉绘画写生类似，一般都是由深入浅。

四、综合表现技法要领

1. 一般来讲，透明水色适合大面积上色，因为颜色本身比较薄，有很好的透明度，但不宜过深，叠加遍数不宜过多；水粉色覆盖力好，能充分地表现物体的光感、质感，刻画细致容易修改；水彩色的水溶性好，覆盖力介于水粉色和透明水色之间，需要有很好的绘画技巧，程序性强。

2. 不一定每一张手绘表现图技法都一样，根据设计内容的特点、功能不同，在技法上也可有一定侧重，以表现不同的空间气氛。

3. 和其他绘画种类相比，手绘设计表现图的另一个绘画特点是有一定的程式化画法，它既是优点也是缺点。手绘表现图可以借鉴其它专业绘图的表现技巧，采他山之石，为己之用，只要画面效果好，技法的选择是不受限制的，我们可以在大量的实践练习中尝试一定的技法创新，并逐步形成具有自身独特风格的手绘作品。

图 3-13　《海滨浴场景观》／境外设计机构作品　水彩

五、手绘中的精绘表现

"精绘"，完整的讲其实就是精细描绘。

精绘表现的技法主要有两种形式：一是以水粉为主的综合表现技法；二是以水彩为主，局部结合彩铅的综合表现技法。

一般来说，画面色调比较深沉厚重的较适合水粉表现，画面色调比较清新淡雅的较适合水彩表现；画面风格偏传统古典的较适合水粉表现，画面风格偏现代简约的较适合水彩表现。

手绘表现图画到一定程度以后，它的成败关键取决于对细部的深入刻画上，因此打好坚实的精细描绘基本功对于今后手绘表现水平的提高也是至关重要的。

图 3-14　《超豪华酒店建筑景观一》／境外设计机构作品　水彩

图 3-15　《超豪华酒店建筑景观二》／境外设计机构作品　水彩

第四章

实景写生表现

- 写生的准备与选位
- 写生的取景与构图
- 写生的步骤与程序
- 实景写生作品

写生不仅是设计师认识自然、发现自然、感受自然，汲取设计灵感，收集设计素材，积累创作资料的有力手段，而且也是概括造型能力，提高表现技法，提升艺术审美能力的重要训练方法之一。

在前文中，我们提到：只有设计创作表现才是学习手绘最终的目的，但是在实际的学习过程中，我们会发现直接从临摹过渡到设计创作是比较难的，很多初学者在面对一张空白的没有太多图像资料参照的设计表现图纸时往往不知所措，无从下笔。这是因为设计创作与临摹有很大的不同：临摹可以直接参照他人的表现方式与技法技巧，可以直接″照搬照抄″、″依葫芦画瓢″，不需要自己做太多的分析与思考；而设计创作则不一样，在一幅设计创作表现作品中，我们要解决的各种问题太多了，它要求作画者除了具备较好的手绘表现技法技巧外，还要具备很好的运用空间思维表现与分析概括取舍的能力。

要一下子解决这么多的问题，具备这么多的能力显然有相当大的难度，这其间就需要采用写生这种形式来衔接从临摹到设计创作之间的过渡。因为写生既有类似临摹的特点，有真实客观的物象呈现在我们的面前，又有类似设计创作的特点，需要我们进行分析思考与归纳总结，它就象一座桥梁，一端连着临摹，另一端连着设计创作。在我看来，学好手绘的第一步是临摹阶段，第二步是写生阶段，第三步才是设计创作阶段。缺少了写生这个重要的学习阶段，多数初学者是很难直接从临摹跨越到设计创作的。不少同学感觉自己临摹画得差不多了，就急不可耐的开始画设计创作了，这样往往会导致作画效果不理想，以至于影响学习的信心与动力。

所以，我觉得学习手绘设计表现最佳的方法应该是：从临摹—→写生—→设计创作，然后再回到临摹—→写生—→设计创作……，这样循环往复，在临摹中学习他人优秀的画法，在写生和设计创作中不断检验并运用这些优秀的画法，最后通过分析与总结逐渐形成具有自己独特风格的表现方式与技法技巧。当然，随着自己能力的不断提高，临摹的时间和数量可以越来越少，或代之以读图（即赏析他人优秀手绘作品）的方式，而以写生和设计创作的学习方式为主，通过自己的不断努力，逐步成为手绘设计表现高手。

一、写生的准备与选位

外出写生，除常规的室内绘图所需的相关工具材料外，还要准备好用于户外写生的一些物品，如画板或画夹、折叠坐椅、遮阳帽、储藏物品的画箱或画袋，有时还应根据天气状况带上雨伞或雨衣等。当然，并不是带得越多越好，写生的选景、作画等整个过程基本都是徒步方式进行的，要考虑到所携带工具材料物品的轻便性，要"轻装上阵"，以免还在路途中就耗费了大量的力气，保证不了实际作画时所需的精力，影响最终的效果。

工具材料准备好了，上路了，作画的落脚位置也很重要，适合的位置不但是取景构图的需要，更是保证作画顺利进行的必要条件。就我个人的习惯与经验来说，初到一处景点，一般先是四处游逛一圈，整体观察一番，对适合作画的景致与位置进行一个综合比较，然后再确定选择其一深入体会、开画。这样一方面可以对景点的整个地域自然与人文的特征有一个大的感觉，以便更好的把握画面内容中"神"的表现；另一方面可以通过比较来选择一个较为适合的作画位置，具体建议如下：

1. 选择道路稍宽处，或死角处，尽量减少车辆人流对作画时的干扰。

2. 要有一定的预见性，此时道路看似清净，但某个时间段可能会出现大量的车辆人流，而你正好又画到关键之处，让人措手不及，进退两难。

3. 避开阳光直射，否则直射的阳光会影响对画面色彩的判断，产生视觉疲劳，特别是夏季，烈日下的气温很高，不但会影响作画时的情绪，还容易对身体造成伤害。

4. 避开风速快疾的风口，风速快容易吹干画面，扬起沙尘，影响作画的效果，特别是会影响水彩技法中"湿画法"的运用。

5. 根据天气等状况，选择合适的写生地点。晴天可以选择离住处远一点的地方；雨天则要考虑避雨和返程因素，特别是南方的春季，阴雨连绵，时阴时雨，天气不好时，不宜选择空旷的野外，最好选择离住处较近的地方，如村落、街巷等地，方便避雨或临时避雨之处。

6. 在水域旁边写生要注意潮水的变化，写生的位置离水域不要太近，要留有一定的余地，以免潮水上涨影响作画。

图 4-1-1　外出写生照片　　　图 4-1-2　外出写生照片

二、写生的取景与构图

当我们身处某一处景点时，可以说四周处处有景，可为什么有的景画出来好看，有的景画出来就不是很好看呢？这其实就是取景与构图的问题，从这个方面来讲，与摄影也很相似，很多优秀的摄影作品就是在取景构图方面取胜的，用独特的视角发现美。和普通人的眼睛不同，我们的眼睛要能发现事物的内在之美、组合之美，发现构成视觉审美艺术的视觉因素：如构成画面美感的空间关系、形体关系、色彩关系、明暗关系、主次关系、层次关系等，把普通人容易忽视的角度通过自己对画面的处理构成审美的主体。一个好的画者应该具备较好的"取景与构图"能力，这就好比首先你画的景就是很美的，只要你具备了一定的表现能力与技法，那么最后完成的画面效果应该也不会难看；而如果你选择的景不是很美，角度、光线、环境等都不是很适合时，最后的效果估计很难画好（看），特别是对于初学者而言，更是如此，因为初学者往往还不具备解决问题把握画面的能力。

罗丹说过："美是到处都有的，对于我们的眼睛，不是缺少美，而是缺少发现美。"其实很多时候，景物本身并没有"好看"与"不好看"之分。有时候一个看上去非常杂乱的场景，通过高手的表现，画出来以后却变的很好看了，这其实就是他发现的是景物中"美"的构成部分，而调整或是省略掉"不美"、不和谐的部分，通过主观的艺术处理，使散在的自然之美成为有机的组合，并经过高超的表现技巧，最终完成出一幅优秀的手绘艺术作品。好的取景与构图有这样的一些原则，需要先说明的是，艺术，本就没有绝对标准的规律可供遵循，我们在这里所讲的，只是一般意义上的取景构图原则：

1. 表现的景物一般都比较复杂，往往在画面中有很多个物体，建筑、小品、各种植物、道路铺地等等，在画之前我们就要问自己几个问题：你对哪个（些）物体是最感兴趣的？这个（些）物体最吸引你的是什么特征？选择怎样的角度才能更好的表现这些特征？这几个问题搞清楚了，其实也就确定出画面表现的"主体"了。相同的景物，不同的人，确定的主体可能是不一样的，因为不同的人对画面内容的理解是不一样的。要明确的是，虽然多数时候"主体"是具体的物体，但它也可以是色彩的对比、明暗的对比、虚实的对比等，所以更准确的说："主体"应该是整个景物（画面）中最典型的视觉审美焦点。

2. 主体确定了，那么接下来就是搞清楚是什么关系吸引了你的目光，让你感觉到愉悦与兴奋，是景物的形体轮廓？还是前后的空间关系？又或是强烈的色彩关系、明暗关系？等等，把这些问题解决了，明确了相互之间的关系，才能在构图时突出重点。

3.取景构图时,一般会选择在画面(空间)中能呈现出近景、中景、远景这三个层次的场景,因为相对来说这样的场景能更好的体现出整个画面的空间感,而且内容比较丰富,能取得更好的画面效果。在作画时要把握好近景、中景、远景的层次关系、主次关系、虚实关系。

4.运用好"点、线、面"作为构图元素在整个画面构图中的作用。

其它的构图原则,可参照本书上册《基础提高篇》中"透视与构图技巧"章节的部分,这里不再复述。

图 4-3-1　《南京城市建筑景观》——实景照片

图 4-2　写生取景构图

图 4-3-2　《南京城市建筑景观》写生作品　签字笔　复印纸

关于"概括与取舍"

艺术本源于自然生活,但更高于自然生活。我们在面对现实场景时,要学会概括、取舍,切不可只是对客观景物盲目地简单再现,而是要进行艺术的加工、提炼和升华。从而使作品比现实场景更强烈、更典型、更传神、更具有思想和艺术效果。

很多同学在初次开始接触写生的时候,最容易出现的问题就是:见什么就画什么,直接"照搬照抄",把自己等同于照相机,这是不对的。我们在手绘表现特别是在写生时,对于次要的部分或是影响画面美感的部分,可以概括或是舍弃,没有必要将自己看到的所有对象一一仔细、不加分析和处理的刻画表现出来,这样面面俱到,反而效果不好,画面会呆板没有变化。事实上,无论是写生,还是设计创作,由于受到作画时间和条件的制约,我们也不可能将画面中所有的对象都进行深入刻画。其实作画和写文章的道理是同样的,应该有详有略、有主有次、有虚有实,这样才有对比,画面才生动有趣。所以,我们一定要学会概括与取舍,在实践中不断体会并运用好它们。

作品以表现建筑群的形体结构为主,重点突出了右侧的高层建筑,弱化了近处的景观植物。用笔轻松随意,以形写神,不拘泥于形似。

在开始实景写生前,我们也可以先进行一些照片图片(摄影作品)写生的练习。照片图片写生有这样一些优点:照片图片在摄影师拍摄时已经确定了比较好的角度与构图,不需要再次取景构图;图片是静止不动的,不会受到天气、光线与环境的影响,我们可以在室内作画;受到一些客观条件的制约,我们也不可能经常外出实景写生。所以,照片图片写生相比实景写生难度低些,更容易上手,它成为写生学习的一个很好补充,特别是对于初学者而言。我们可以照片图片写生和实景写生交替练习。

三、写生的步骤与程序

月牙湖公园位于南京城东，西临明代古城墙，东望紫金山麓，因湖面呈月牙状故名。公园依明城墙，环湖而建，湖光、山色、古垣尽现其中，湖中有造型独特、伴有音乐喷泉的表演舞台。四方立青龙、朱雀、玄武、白虎古方位神雕塑各一，造型生动，寓意吉祥。园景之间，以广场花径相连，信步郁郁花间，湖光山色尽收眼底，令人心旷神怡。

图4-4-1　《南京月牙湖公园景观》——写生实景照片

图4-4-2　《南京月牙湖公园景观》步骤1

∧ 选景、取景，构图，确定视觉美点（即主体物），确定大的透视关系，完成黑白线稿。此图表现的主体是看台、张拉膜和雕塑。

图4-4-4　《南京月牙湖公园景观》步骤3

∧ 深入表现植物、看台、水面的效果，用远景植物的"暗"衬出张拉膜、看台的"亮"。

图4-4-3　《南京月牙湖公园景观》步骤2

∧ 上色，先用马克笔铺出大体色彩，远景建筑可以趁湿一次画到位。

图4-4-5　《南京月牙湖公园景观》步骤4

∧ 把雕塑、花池等画出，然后再用深色画出景物的暗部及投影。实景的水面太空，加一些浮萍丰富下水面的效果。

图 4-4-6　《南京月牙湖公园景观》完成图　签字笔　马克笔　彩铅　绘图纸

∧　用马克笔排出天空，注意笔触要有变化，再用彩铅刻画看台座椅、张拉膜和堤岸等，并协调整个画面的色彩，完成。

图 4-5-1　《庐山印象》——写生实景照片

江西庐山是世界文化遗产和世界地质公园，以雄、奇、险、秀闻名，素有"匡庐奇秀甲天下"之美誉。牯岭镇，是庐山的中心，三面环山，一面临谷，是一座桃源仙境般的山城，其地势平坦，峰峦葱茏，溪流潺潺，青松、丹枫遮天蔽日。近千幢风格各异的各国别墅依山就势而筑，高低错落，潇洒雅致，点缀在万绿丛中，与周围环境十分和谐，是国内少有的高山建筑景观。

图 4-5-2　《庐山印象》步骤 1

∧ 取景构图，立意先行，意在笔先。此图场景较大，内容丰富，下笔前要理清各景物间的关系，确定表现的重点，自上而下完成线稿。

图 4-5-4　《庐山印象》步骤 3

∧ 铺出植物的主色，近暖远冷，用笔宜生动自然。

图 4-5-3　《庐山印象》步骤 2

∧ 先用马克笔画出庐山别墅所特有的彩色铁皮屋顶，用笔要随屋顶的结构来走，不要涂太满，注意笔触间的排列与变化。

图 4-5-5　《庐山印象》步骤 4

∧ 画出屋檐下的投影，顺势把石质墙体画出，再用重色加深植物的暗部。

图 4-5-6 《庐山印象》完成图 签字笔 马克笔 彩铅 复印纸

∧ 进一步加重并统一建筑和植物的暗部及投影，之后用彩铅刻画细部，过渡色彩，完成。

准确表现灌木带中不同类型的植物是此图刻画的重点，画之前要仔细分析各种植物的形态特点，并加以概括提炼，才能形神兼备地表现它们的效果，大体作画步骤同前。

图 4-6-1　《南京某别墅区景观》——写生实景照片

图 4-6-2　《南京某别墅区景观》步骤 1

图 4-6-3　《南京某别墅区景观》步骤 2

图 4-6-4　《南京某别墅区景观》完成图　签字笔　马克笔　彩铅　绘图纸

庐山植物园坐落在风景秀丽的含鄱口山谷中，由著名植物学家胡先骕、秦仁昌、陈封怀三位先生于1934年亲手创办，是我国第一座亚热带山地植物园，面积3平方千米，是长江中下游地区植物物种迁地保存的重要基地。植物园不仅是科研基地，且为风景胜地，按照植物自然群落，不同生态，分成十余个展区，供游客鉴赏。园中有休息厅，林荫下设石凳石桌，供游人休憩。

图4-7-1 《庐山植物园景观一》——写生实景照片

图4-7-2 《庐山植物园景观一》步骤1

∧ 取景构图，确定大的透视关系，先用铅笔辅助起稿。

图4-7-4 《庐山植物园景观一》步骤3

∧ 逐步把各景物交代出来，再适当加重一些关键的暗部。

图4-7-3 《庐山植物园景观一》步骤2

∧ 再用针管笔勾画线描正稿，可以从左侧画起，先画前景，再画后景。

图4-7-5 《庐山植物园景观一》步骤4

∧ 画出剩余的枝叶、铺地等，擦去铅笔辅助线。

图 4-7-6 　《庐山植物园景观一》步骤 5

∧ 刻画主体物，加一些暗部及投影，完成线稿。

图 4-7-8 　《庐山植物园景观一》步骤 7

∧ 画出远景植物，并深入刻画主要景物，加入深色，拉开层次和距离。

图 4-7-7 　《庐山植物园景观一》步骤 6

∧ 开始上色，用马克笔画出景物的主色，用色要概括，可以适当进行主观的艺术处理。

图 4-7-9 　《庐山植物园景观一》步骤 8

∧ 对局部细节进行全面深入，画出主要的暗部及投影，增加明暗和色彩的对比。

图 4-7-10 《庐山植物园景观一》完成图 针管笔 马克笔 彩铅 复印纸

∧ 用彩铅丰富画面，再次完善，调整。

图 4-8-1 《庐山植物园景观二》——写生实景照片

面对景物，应选择最能吸引注意力的主体物安置在最突出的位置，一切配景尽起烘托作用。图中的参天大树无疑是该作品表现的主体，表现时要抓住主要的枝干，舍去次要的枝干，否则会越画越乱，没法收拾。

图 4-8-2 《庐山植物园景观二》步骤 1

∧ 铅笔起稿，确定各景物的位置及大小，勾出大体轮廓，特别是大树的主要枝干走向。

图 4-8-4 《庐山植物园景观二》步骤 3

∧ 继续画出余下的植物，线条不宜太"紧"，要"松"一些，不用过于在意某个局部的准确，把植物枝干大的形态和感觉表现出来就可以了。

图 4-8-3 《庐山植物园景观二》步骤 2

∧ 开始勾画正稿，从主体物画起，先画前面的枝叶，再画后面的枝叶，将形体轮廓勾出即可，此时不要过早陷入细节刻画，接着画出石桌石凳、草地和灌木。

图 4-8-5 《庐山植物园景观二》步骤 4

∧ 画出卵石铺地，注意近大远小的透视变化，擦去铅笔线。

图 4-8-6　《庐山植物园景观二》步骤 5

∧　适当刻画主要景物的细部，加强画面的虚实变化，完成线稿。

图 4-8-8　《庐山植物园景观二》步骤 7

∧　画出树木的枝干，注意色彩要有变化，逐步深入表现各景物。

图 4-8-7　《庐山植物园景观二》步骤 6

∧　用马克笔画出灌木、草地、铺地、石桌石凳的主色，再用桔黄色点出树叶。

图 4-8-9　《庐山植物园景观二》步骤 8

∧　刻画主体物的枝干，画出暗部及投影，加一些落叶相呼应。

图 4-8-10 　《庐山植物园景观二》完成图　针管笔　马克笔　彩铅　复印纸

∧　用彩铅再次深入，完善，调整。

走在园中，几抹鲜亮的黄色深深吸引了我，走近一看，愈发觉得美，这株花卉生长在山石的夹缝中，却是那样的楚楚动人，雨后的露水还残留在花瓣和枝叶上，清新脱俗，真美！让我产生了强烈的冲动，要把这美景记录在画纸上。

图 4-9-1 《庐山植物园景观三》——写生实景照片

图 4-9-2 《庐山植物园景观三》步骤 1

∧ 铅笔起稿，此作场景不大，重在对花卉植物的特写，下笔前要整理好作画的思路，处理好叶片穿插组合的关系。

图 4-9-4 《庐山植物园景观三》步骤 3

∧ 接着画杂草与两侧的山石，以山石的质地与花卉形成强烈的视觉对比。

图 4-9-3 《庐山植物园景观三》步骤 2

∧ 先把花朵和叶片勾画出来，对花卉的茎叶刻画是该作品的关键，线条要灵动而有生气。

图 4-9-5 《庐山植物园景观三》步骤 4

∧ 画出中景的灌木和远景的植物，注意线条的变化。

图 4-9-6 《庐山植物园景观三》步骤 5

∧ 加一些暗部，调整，完成线稿。

图 4-9-8 《庐山植物园景观三》步骤 7

∧ 再把山石、红叶灌木、背景植物画出，注意处理好各色块的关系。

图 4-9-7 《庐山植物园景观三》步骤 6

∧ 从主体物开始上色，先把大的色彩关系表现出来，花朵和叶片的受光面要注意留白。

图 4-9-9 《庐山植物园景观三》步骤 8

∧ 用重色加深景物的暗部及投影，进一步加强画面的对比，对一些重点部位要小心勾画。

图 4-9-10　《庐山植物园景观三》完成图　针管笔　马克笔　彩铅　复印纸

∧　用彩铅再次深入，表现山石的质感，综合完善与调整。

这是植物园的入口处，主要表现了石桥和两侧植物的效果，面对诸多植物，要确定好表现的主次。此外，实景写生时，很多时候光线并不理想，没法形成强烈的光影变化，这就要求我们要学会主观处理，确定具体来光的方向，强化景物的明暗关系，以达到更好的画面效果。

图 4-10-1 《庐山植物园景观四》——写生实景照片

图 4-10-2 《庐山植物园景观四》步骤 1

∧ 铅笔起稿，根据大的透视关系，画出景物的形体轮廓。

图 4-10-4 《庐山植物园景观四》步骤 3

∧ 再把右侧的景物勾画出来，不同类型植物的特征要表现到位。

图 4-10-3 《庐山植物园景观四》步骤 2

∧ 用针管笔先把左侧的景物勾画出来，石桥的形体结构和透视要准确。

图 4-10-5 《庐山植物园景观四》步骤 4

∧ 接着把远景、铺地画出，擦去铅笔线。

图 4-10-6 　《庐山植物园景观四》步骤 5

∧ 再画一些暗部和投影，以及树干的质感，完成线稿。

图 4-10-8 　《庐山植物园景观四》步骤 7

∧ 再画远景部分，然后对主体物逐步深入刻画。

图 4-10-7 　《庐山植物园景观四》步骤 6

∧ 上色，先用马克笔把景物的大关系铺出来，先浅后深。

图 4-10-9 　《庐山植物园景观四》步骤 8

∧ 画出主要的暗部及投影，加强画面的明暗对比。

图 4-10-10 《庐山植物园景观四》完成图 针管笔 马克笔 彩铅 复印纸

∧ 结合彩铅对主要景物再次深入，完善，调整。

四、实景写生作品

这是 2012 年春带学生在安徽写生实习时现场示范的一幅作品，宗祠是南屏村最有代表的景点之一。我们的到来，也给小山村带来了商机，祠堂前面有个小广场，村民们会摆上小吃摊，供学生们品尝、休憩。该作仅保留其中一个摊点，以艳丽的阳伞及鲜活的人物与庄重的祠堂古建筑形成有趣的对比，同时也打破了一点透视过于对称的构图。

图 4-11-1　《南屏宗祠》——写生实景照片

图 4-11-2　《南屏宗祠》完成图　签字笔　马克笔　彩铅　复印纸

这组亭台水榭是画面的重点，把握好它们的形体结构和透视变化是关键，近景的水生植物要概括与取舍，远山则直接用马克笔表现，进一步拉开空间距离。

图 4-12-1　《南京月牙湖公园小景》——写生实景照片

图 4-12-2　《南京月牙湖公园小景》完成图　签字笔　马克笔　彩铅　绘图纸

牯岭街是庐山的城市中心街道，路面由大块石料铺设而成，街道两旁各色建筑林立，植物郁郁葱葱，商户云集，游人如织。该作突出表现了中式建筑的特色与庐山优美的环境景观。

图 4-13-1 《庐山街景》——写生实景照片

图 4-13-2 《庐山街景》完成图 签字笔 马克笔 彩铅 复印纸

夫子庙被誉为秦淮名胜而成为古都南京的特色景观区，它是中国最大的传统古街市，也是蜚声中外的旅游胜地。十里秦淮河畔，金粉楼台，鳞次栉比，画舫凌波，桨声灯影构成一幅如梦如幻的美景奇观。

图 4-14-1 《南京夫子庙景观》——写生实景照片

图 4-14-2 《南京夫子庙景观》完成图 签字笔 马克笔 彩铅 复印纸

位于夫子庙对面的照壁，以秦淮河为泮池，建于明万历三年 (1575年)，高大雄伟，全长110米，为全国照壁之最，上面两条金龙栩栩如生，成为夫子庙景区的经典景观之一。

图 4-15-1 《南京夫子庙照壁》——写生实景照片

图 4-15-2 《南京夫子庙照壁》完成图 签字笔 马克笔 彩铅 复印纸

　　南京林业大学在中国林业院校中享有较高声誉，其风景园林学院因深厚的底蕴、雄厚的实力、高水平的教学质量和广泛的国内外影响而知名。此处是南林大标志性的校园景观，右侧的建筑即为园林学院楼宇。

图 4-16-1 　《南林大校园景观》——写生实景照片

图 4-16-2 　《南林大校园景观》完成图　签字笔　马克笔　彩铅　复印纸

第五章

快题手绘设计表现

- 快题设计的特点
- 快题手绘设计表现的要领
- 平立剖面图手绘表现
- 快题手绘设计表现作品
- 考研快题设计作品解析

现在要开始我们手绘学习的终极目标——设计创作与表现。设计创作在具体的实践中主要表现为：快题手绘设计表现。它主要有两种形式，一是考试考评，二是实际设计项目。前一种主要有三种类型：1. 研究生入学考试，2. 设计单位的招聘考试，3. 设计师资格等级的考评认定；后一种主要是设计工作中实际项目的设计应用，特别是概念设计和方案阶段的设计表现。不论是哪种形式，都有一个共同的特点：苛刻的时间要求。它要求设计者在相当短的时间内，使用简便的绘图工具，根据考题或业主的要求，运用各种综合能力与技巧完成设计方案及其表现的设计任务，这就在很大程度上要求我们必须都要以手绘的方式来表现我们的设计方案。

快题设计在较短的时间内，能够方便、快速、较全面地反映设计者的综合能力与素质，很多高校在诸如：园林景观设计、建筑设计、规划设计、环境艺术设计、室内设计等相关设计专业的研究生入学考试中，将快题设计列为考试科目。众多的设计单位尤其是一些知名的设计院所，包括境外的设计机构，也纷纷将快题设计作为考核求职人员的考试方式。此外，相关行业的设计师资格等级的考评认定也都是以快题设计为主要依据的，而手绘表现的好坏往往直接影响到快题设计的最终效果。很多时候，我们在作快题设计时想得出来，却画不出来，这就充分说明手绘表现在快题设计中的重要性。作为一个设计者不管你的身份是应试人员，还是应聘人员或是设计人员，设计能力再强，表现能力却很差，那也无用，因为最终他人（考官或业主）还是要从图纸画面中感知你的设计创意与构思的，以及整个设计方案的表现效果。从这个意义上讲，快题手绘设计表现很大程度上决定了考研快题与求职考试以及资格考评的成功与否，因此，快题手绘设计表现也越来越受到大家的重视。

一、快题设计的特点

在长期的教学实践以及本人亲历的几次快题设计考试中，我归纳总结出快题手绘设计特别是快题设计考试具有以下几个特点：

1．时间紧，任务重

快题设计考试的时间一般限定在 3 ~ 6 小时之间，少数为 8 小时，在这么短的时间内，面对一个全新的题目要求，要完成接近平时课程作业与练习的设计任务，工作量与强度是相当大的，而且所处的考场环境气氛十分紧张，这也会影响考试的发挥。可以说，快题设计考试不仅仅考核的是应试者的设计与表现能力，同时也对应试者的生理与心理素质都提出了要求。

2．独立完成，无资料参照

考试有别于平时的设计作业与练习，考场中既没有任何相关资料借鉴参考，也不能与他人交流探讨，完全要依靠自己来独立完成考题所要求的各项设计任务。这就要求应试者要加强平时各项知识技能的积累和临场应变能力，多画多练，逐渐掌握并熟练运用快题设计与表现的方法与技巧。

3．设计与表现同步进行

由于快题设计考试时间很短，在设计上不可能象平时有非常充沛的时间来给应试者仔细推敲和反复比较，只能是根据考题的要求，迅速果断的确定一个大的设计构思草案，在绘图表现的过程中逐步将其深入细化，最终形成一个相对较为完整的设计方案。所以在考试时，不能将设计与表现完全分开，把大量的时间全部用于设计构思，将所有的设计要求都构思的很完善了，才开始在正式的图纸（考卷）上表现，这是不对的；要边想边画，心中始终要有"时间"这根弦，否则设计得再好，构思得再巧妙，没有一定量的画图时间的保证，以至草草收场，甚至最后都没有画完，那结果可想而知。考官也无从准确知道你的设计方案具体是怎样的，你的所有能力与素质在图纸（考卷）中也无法全部体现出来。

4．不同类型快题设计表现的侧重点

园林景观快题设计表现：要把整个场地区域的设计效果表现出来。各种植物特别多，对植物的准确表现有一定要求，因为植物造景是整个设计中很重要的一部分，要尽可能地表现出植物的种类和造型特点。透视、尺度、比例要准，景观小品的形体、结构、明暗、色彩、质感要表现的比较到位。总平面图的效果要重点表现。效果图方面，一般有 3 ~ 5 张透视效果图：1 张整体的鸟瞰图，2 ~ 4 张局部节点的平视效果图。

建筑快题设计表现：由于建筑在表现图中是主体，加之形体比较完整，所以需要表现的内容比较多：构图、尺度、比例、透视、形体、结构、明暗、色彩、质感、空间氛围等。特别要

注意：透视一定要准。除重点表现所设计的建筑外，对建筑周边的环境景观也要有一定的表现，一方面能交代建筑所处的地形地貌，通过周边的环境景观更好的烘托建筑本体，另一方面也能活跃整个画面的气氛。效果图方面，一般要求 1 ~ 2 张透视效果图，以平视角度的两点透视居多。

城市规划快题设计表现：设计的尺度大、面积大，所以在整个图面中的建筑、植物与道路也很多。但是没有必要对建筑以及植物进行深入刻画，主要还是表现形体、明暗和色彩为主，表现整个设计方案大的平面布局上的效果。总平面图的效果要重点表现。效果图方面，一般以整体的鸟瞰图表现为主。

图 5-1-1 快题设计现场照片

图 5-1-2 快题设计现场照片

▲ 如何在快题设计中取得好成绩？

有不少同学在平时的设计作业与练习中做得还不错，可一旦到快题设计考试时成绩却往往不尽如人意，甚至都画不完，没有完成设计任务的要求。原因是多方面的，比如：时间分配不合理；设计上有硬伤；功能要求轻重不分；对尺度比例没有概念；表现表达能力较弱，图纸排版混乱等等。

那么怎样在快题设计考试中取得好成绩呢？除了避免上述问题外，我们还可以尝试站在考官的角度来分析获取高分的诀窍，做到有的放矢。考官在评阅考卷（图纸）时，主要是从以下三个方面按照先后顺序来评判的：

一、整体版面效果

首先映入眼帘的肯定是这份考卷（图纸）的整体版面效果，这是第一印象。包括：整个版面的排版布局、绘图与标注的规范、标题与透视图的整体效果等。这就要求我们要处理好整张图纸上所有专项小图以及文字之间的关系，确定好每个部分的大小与位置，整个版面要清晰合理、美观大方，绘图与标注要准确、规范等。

二、设计

设计部分是否遵循一般的设计规律与方法，符合相关的行业设计规范，是否满足考题的设计功能要求。由主到次，先看主要问题的解决，再看次要问题的解决。这就要求我们要紧扣考题的设计要求，理清思路，运用自己的专业知识和常识，设计出最为稳妥、合理的设计方案。因为在这么短的时间内、紧张的气氛下，很难拿出一个非常有创意且比较完善的设计方案出来，所以，采用自己最擅长的方式设计出循规蹈矩的方案比新奇古怪的方案要稳妥安全的多，毕竟象快题设计考试，最重要的还是取得好的成绩，尤其是在研究生入学考试中更是如此。

三、表现

考官看设计的同时，其实也在看应试者的表现技能如何。

表现对于快题设计的重要性前文我们已经讲过了，这里不再复述。需要说的是，表现在整个快题设计考试中，也是有主次之分的，总平面图、透视图、鸟瞰图的效果表现最为重要，尤其是总平面图、鸟瞰图的效果表现是整个快题设计表现的关键，立面图、剖面图、分析图、节点详图的效果表现相对比较次要。这就要求我们要合理分配好表现的时间与精力，在最短的时间，表现出最佳的设计效果。

当然，除了做好这三方面，最为关键的是：一定要多画多练，特别是要根据报考院校或应聘单位的具体要求，多做考研真题和模拟试题，只有在大量的有针对性的模拟考试练习中，通过自己做题的切身体会，查漏补缺，不断完善，逐渐总结出适合自己的快题设计与表现的方法与技巧，才能取得快题设计考试的好成绩。

二、快题手绘设计表现的要领

1. 版面设计

版面布局要均衡，突出重点，紧凑得体，美观大方。快题设计要求将总平面图、立面图、剖面图、分析图、节点详图、透视图、鸟瞰图、设计说明、标题等汇总在 1 ～ 2 张 2 号（A2）或 1 号（A1）图纸上。不仅每个部分要表现到位，还要注意整个版面的排版效果。重要的部分面积要大一些，位置要醒目一些，如总平面图、鸟瞰图、透视图；次要的部分面积可以小一些，如立面图、剖面图、分析图、文字说明等。

实际作图时，首先要确定每个部分在整张图纸中相应的位置，先确定重要的部分，再确定次要的部分；然后根据不同部分的重要性来确定每个部分所占面积的大小；最后根据其大小再确定出每个专项图的制图比例，比例的确定还要结合实际绘图的便捷性,常用制图比例如 1：1000,1：500,1：300,1：200等，便于计算和绘图，节省画图时间。在正式作图前，可以先用铅笔辅助线将每个部分的位置和大小大致框定勾画出来。

园林景观快题设计的常规版面设计参考：

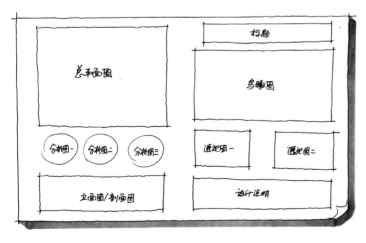

△快题版面设计一

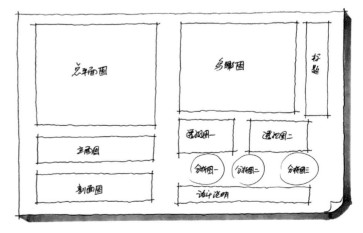

△快题版面设计二

图 5-2 快题版面设计

2．透视效果图表现

快题设计中的透视效果图表现，透视角度的选择是非常重要的。我们一定要选择最能体现设计者设计创意和效果的角度来表现，也就是要表现出我们常说的整个设计中的亮点、设计中出彩的地方。因为在有限的时间内，不可能面面俱到的把设计中每一个部分的效果都全方位的表现出来，只能是挑选最佳的位置和角度来表现。所以，表现的位置、视平线的高低（是鸟瞰，还是平视或是虫视？）、透视的方式（是一点透视，还是两点或是三点透视？）就成为关键。具体可以参照本书上册《基础提高篇》中"透视与构图技巧"部分的相关内容。

另外，由于作画的时间较短，线稿的表现更为重要一些。设计方案中大多数的设计内容都是通过线稿表现出来的，如：地形、尺度、比例、透视、空间、形体、结构等，上色主要是表现每个物体的色彩、色彩之间的组合搭配、质感等内容。上色不可能太深入，只能是以线稿为主，上色为辅的快速表现方式。

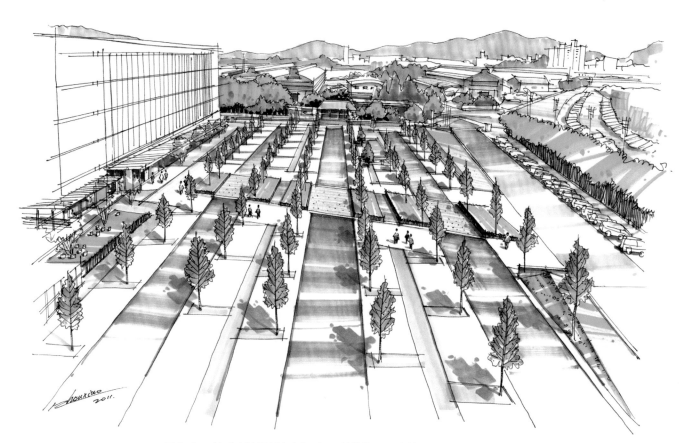

图 5-3 《办公环境景观快速表现》 针管笔 马克笔 彩铅 复印纸

图 5-4 《办公环境景观快速表现》 针管笔 马克笔 彩铅 复印纸

图 5-5 《入口景观快速表现》 针管笔 马克笔 彩铅 复印纸

图 5-6 《城市绿地景观快速表现》 针管笔 马克笔 彩铅 复印纸

图 5-7 《入口景观快速表现》 针管笔 马克笔 彩铅 复印纸

图 5-8 《公共空间景观快速表现》 针管笔 马克笔 彩铅 复印纸

3. 文字表现

快题设计中的文字表现主要体现在两个部分：一是标题，二是包括设计说明在内的一些文字说明与标注。一般采用马克笔和针管笔等工具以徒手表现的方式快速完成。

常见的标题有"快题设计"、"园林设计"、"景观设计"、"规划设计"、"建筑设计"等。标题中每个字的大小要尽量一样；字体的造型要美观端正、简洁大方，一般都以黑体等美术字为好；字体的色彩要醒目，可以通过色彩的组合表现一定的立体感，如使用相同色系的深色表现暗部及投影，色彩的选择最好能与快题设计的内容有联系，如：园林景观快题设计的标题就可多用绿色系来书写。实际书写的时候，可以先用铅笔

简要的画一些辅助线，以保证字体的大小和形体的准确性，避免出现失误，难以更改。

设计说明要简明扼要，大多写 300 字左右就可以了，关键要把内容及要点说清楚。整个设计说明部分的表现要做到字体端正，排列整齐，条理清晰，可以在每个段落前加上序号或符号。写之前，可以先借助尺子用铅笔下划辅助线，这样可以保证每行都很平整美观。

同一类型快题设计中的文字内容其实基本上都是相似的，写来写去无非都是那些专业术语与名称，我们可以在平时就练熟这些常用的字词组合，考试时就能写得又快又好。

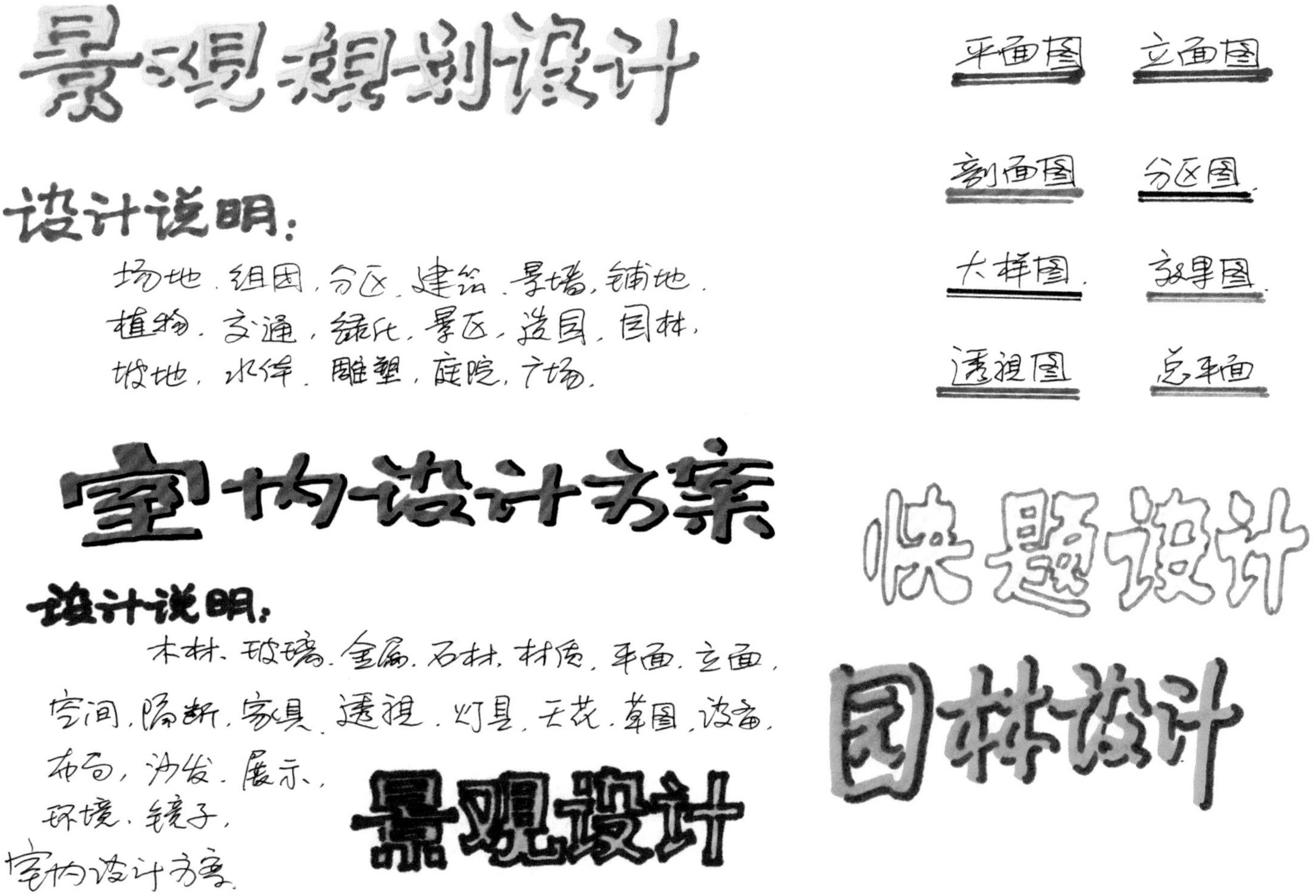

图 5-5-1　文字表现 1

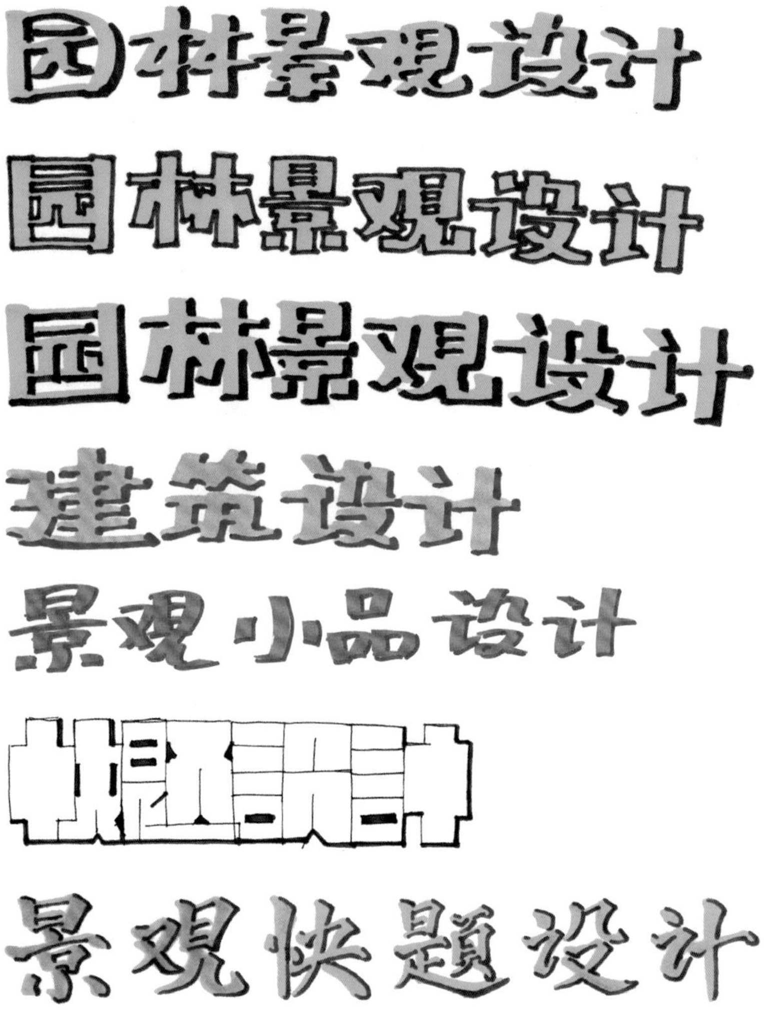

园林景观快题设计的常规时间分配与步骤程序参考：

6 小时快题设计

一、**审题**　20 分钟

二、**构思设计**　50 分钟　草稿纸上完成草案

三、**正式画图：**

1. 版面设计　10 分钟

2. 总平面图、立面图、剖面图、分析图线稿　90 分钟

3. 效果图（即透视图、鸟瞰图）线稿　80 分钟

4. 上色　70 分钟　先上总平面图和效果图，总平面图和效果图的色彩上了大概 7 ~ 8 成，再上立面图、剖面图与分析图的色彩，以免一开始就陷入对它们的深入刻画，耽误了时间。上色主要是上总平面图和效果图，立面图、剖面图与分析图稍微上点就可以了

四、**设计说明与文字标注**　20 分钟

五、**标题**　10 分钟

六、**最后调整**　10 分钟

3 小时快题设计

一、**审题**　10 分钟

二、**构思设计**　30 分钟　草稿纸上完成草案

三、**正式画图：**

1. 版面设计　5 分钟

2. 总平面图、立面图、剖面图、分析图线稿　45 分钟

3. 效果图（即透视图、鸟瞰图）线稿　35 分钟

4. 上色　30 分钟　主要上总平面图和效果图，立面图、剖面图与分析图没时间可以先不上，最后调整时再上

四、**设计说明与文字标注**　15 分钟

五、**标题**　5 分钟

六、**最后调整**　5 分钟

图 5-5-2　文字表现 2

4．时间分配与步骤程序

考试与平时最大的不同就是有严格的时间限制，合理的时间分配与步骤程序的安排贯穿整个快题设计考试全过程，它们的好坏很大程度上关系到考试的成败。

关于快题的构思设计

首先要"准"，其次要"快"。"准"说的是要准确理解题意，紧扣考题的具体要求，特别是功能设计的要求。要在所提供的原始场地及周边环境条件上，按照常见的设计原则和设计规范，合理地进行功能分区，并设置相应的景物设施。比如要满足休憩的功能，就要设置座椅；要满足游乐的功能，就要设置游乐设施；要满足聚集的功能，就要设置广场、方亭等内容。"快"说的是构思的时候，要果敢干脆，不能犹豫不决，避免出现对局部细节过于纠结的情况。快题的构思设计不像平时可以反复推敲，仔细斟酌，只要大的思路基本确定，就要迅速着手深入细化，否则时间根本来不及，后面还要留相当的时间用于绘图。

园林景观快题的构思设计方法与步骤参考：

1. 在草稿纸上大致绘出原始场地的平面形状,不用画太大,并标出已有的主要建筑及植物等位置,还要标出大的尺度比例与朝向,以供设计时参照。

2. 充分结合所给场地及周边环境的条件,按照使用人群的特点，根据考题的功能要求，用"泡泡图"的形式在地形图中划分出主要的功能区域，如：植物造景区、景观小品区、聚集广场区、水景区、休闲游乐区等，然后用交通流线将这些区域联系起来，确定主要动线与次要动线。注意：先确定功能，再考虑形式，切忌一上来就讲究形式，形式必须建立在功能上。

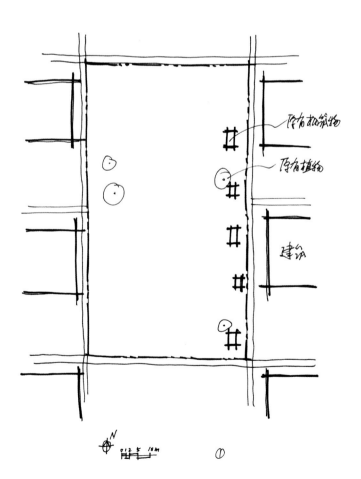

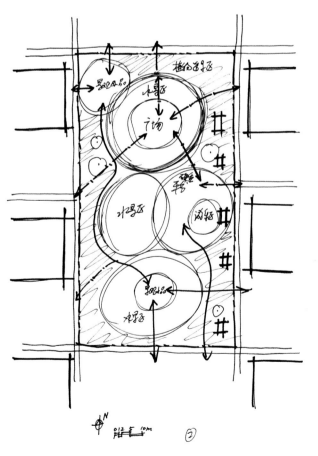

图 5-6-1　快题构思设计步骤 1　　　　　　　　　图 5-6-2　快题构思设计步骤 2

3. 大的功能分区与交通流线确定下来后，就要进一步深入细化，确定具体的区域形状。大的原则是应该较多的以多边形或圆形的区域形状为主，如：方形、菱形、六边形、八边形等，尽可能少的出现有尖角形状的功能区域。

4. 设计各功能区域的具体表现形式，如：植物种类的配置、景观小品的造型、水体的形式、驳岸山石的处理等。要根据不同的功能需求与地况来选择适合的道路形式，是木栈道、汀步，还是卵石铺地、方砖铺地等。

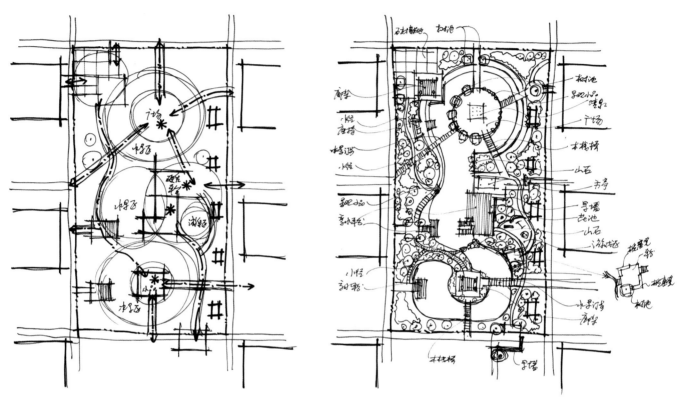

图 5-6-3　快题构思设计步骤 3　　　　　图 5-6-4　快题构思设计步骤 4

5. 平面考虑的差不多了，就要开始立面的竖向设计了。立面设计一定要参照并结合平面来设计，在充分考虑原有场地条件与功能布局的情况下，合理设置坡地、台阶、水体、广场、平台、景墙等，并注意植物高低的搭配，直至确定成稿。

注意：如果条件允许，构思设计的草图可以采用多张硫酸纸依次叠加拷贝描画的方式。

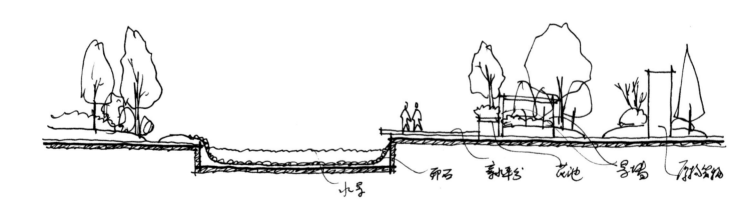

图 5-6-5　快题构思设计步骤 5

三、平立剖面图手绘表现

1．总平面图表现

总平面图在快题设计中是最为重要的，因为整个设计方案中所有设计的部分很大程度上都能在总平面图上反映出来，如：功能布局、交通流线、空间组织、植物配置等。考官在评阅考卷时，观看停留时间最长的就是总平面图，所以它在整张图纸上占的面积最大，位置也最重要，是我们应该重点表现的部分。总平面图表现有几个要点：

要选择简洁美观，便于绘制的图例来表现各种常见设计元素，并熟练掌握这些图例的表现方式。好的图例不仅能快速地表现较好的设计效果，而且能清晰的表达设计者的设计意图，体现设计者的专业能力与素质。我们在平时的练习中要注意积累，考试时根据需要套用。

在表现形体、色彩、质感的同时，还要表现明暗关系与体积感。平面图上主要是通过斜45°角的投影来表现体积感的，

特别要注意整张平面图的投影方向都是统一的，与来光的方向相对应，切忌出现一边投影朝左，另一边投影朝右的情况，因为这不符合常理。我们一般习惯于将投影画在物体的左上角，或是右上角，这样能取得更好的表现效果，也符合南面来光、北面投影的真实光照方式。如果上色，投影最好不要用黑色表现，宜用深灰色，如韩国Touch马克笔的CG9、BG7、WG9等色号。

还要分清主次、虚实，协调好整体与局部的关系。总平面图上各项内容很多，不可能、也没有时间对所有内容都一一仔细刻画，必须要有选择性的重点表现。设计方案中的重点部分以及主要的设计元素表现可以深入些，次要的部分表现可以概括些。上色时，笔触的走向尽量统一，不可杂乱无序；有些大面积的诸如草坪、道路、水面等地方不用全部涂满，以退晕和留白的方式处理，反而效果更好。

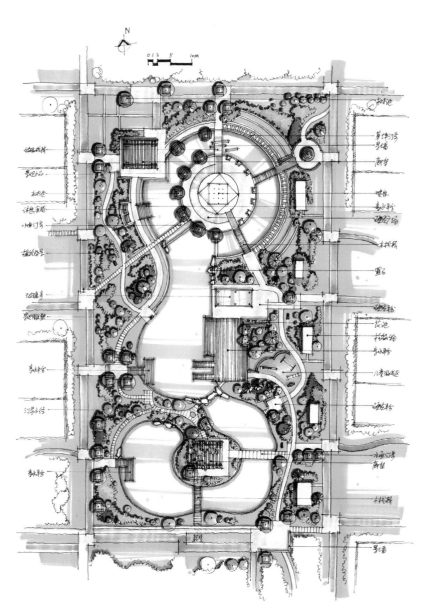

图5-6 景观平面图例

具体作画步骤可参照本书前文内容（图2-42-1～7）。

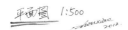

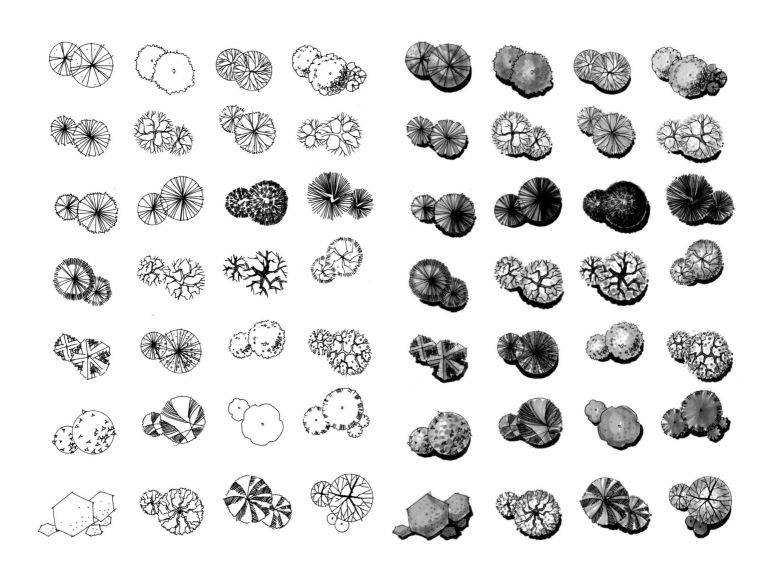

图 5-7-1　常见植物平面图例－线稿　　　　　　　　　　图 5-7-2　常见植物平面图例－色稿

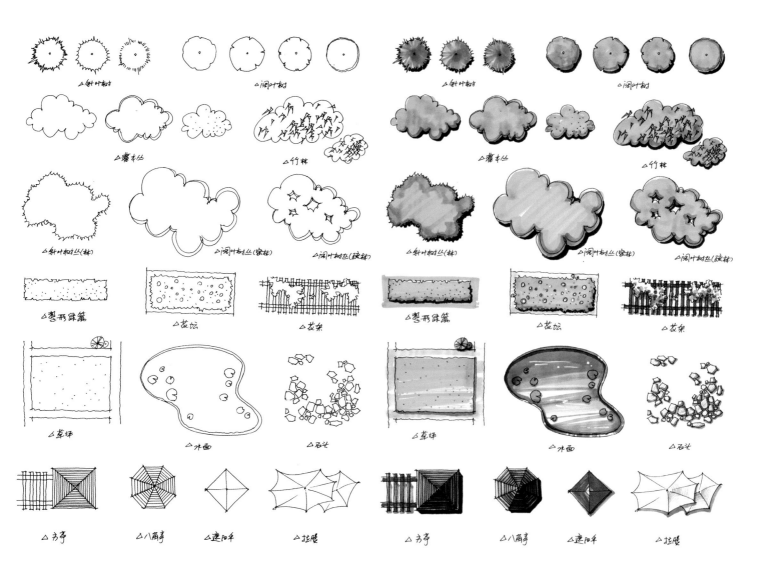

图 5-8-1 常见设计元素平面图例－线稿　　　　图 5-8-2 常见设计元素平面图例－色稿

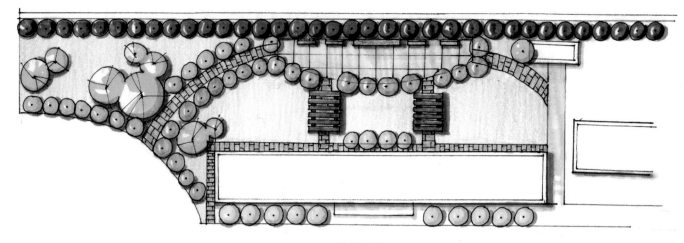

图 5-9 平面图表现

2．立面图、剖面图表现

立面图、剖面图的表现要点：一要选择最能体现设计者设计意图的立面、剖面来表现；二要熟练掌握常见设计元素立面图例的表现方式；三要准确表现尺度比例，尤其是高度方面；四要有线性粗细的区分，立面图中的地面线、剖面图中的剖面线要用粗线表示，可以用马克笔加粗。

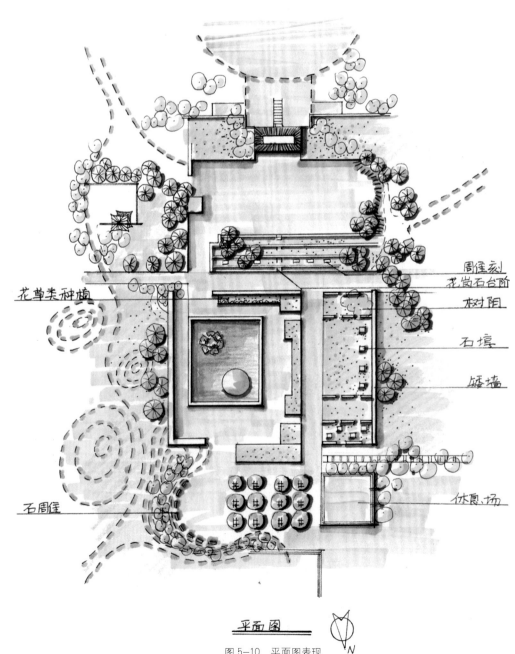

花草类种植

周住刻
花岗石台阶

树阳

石墩

矮墙

休息场

石周住

平面图

图 5-10 平面图表现

图 5-11-1　常见设计元素立面图例－线稿　　　　　　　图 5-11-2　常见设计元素立面图例－色稿

四、快题手绘设计表现作品

1．某大学校园景观设计方案

这是我多年前做的一个小设计，现在看来有诸多的不足之处，不论是在设计上还是在表现上，即便如此，我依然愿意将其与各位分享。该设计虽然场地很小，但小中见大，景观设计的各项元素基本包含其中，在设计表现方面，图纸不多，力求工整细致，表现技法为针管笔线稿，彩铅上色。

设计说明：

这是一块大学图书馆前的空地，面积不大，地形较平坦。在充分考虑了周边环境的影响以及功能的需要后，做出了如下的设计。

在图书馆外立面已有的五根方形立柱的基础上，沿袭它的构造，做成一条休息长廊。使其很好地与建筑物融合在一起，

又与立柱相呼应。在休息廊的尽头，利用建筑物二层平台与一层地面的落差做了一个台阶式跌泉。以它为源头，根据中国古典园林中水体自由随意的布局，做成一条不规则的贯穿整个绿地的浅水池。中间还随意的置有一些踏步，让人可以通过。在条状水池的中部做有一抽象雕塑涌泉，它由几根长短大小不一、象征着书本造型的方形立柱组成，是整个设计中的高潮。水体的存在，充满朝气，富有生机且能产生音乐般的声效。高低错落不同树种的搭配与大小不一条状麻石园凳的组合，随意自由的分布在绿地的四周。还有红色的垃圾桶与黄色的园林地灯自由的点缀在绿草坪中。

整个园林景观设计与周边的环境和谐的统一在一起，静水、动水同建筑、雕塑的结合相得益彰。

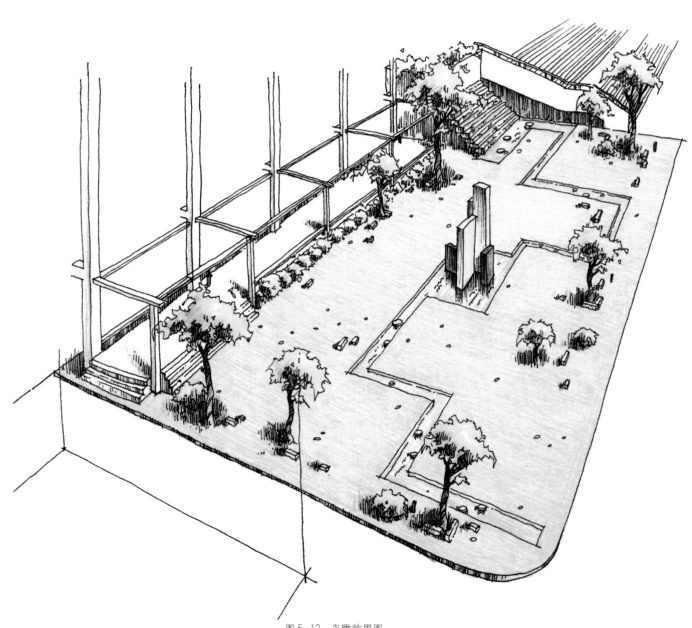

图 5-12　鸟瞰效果图

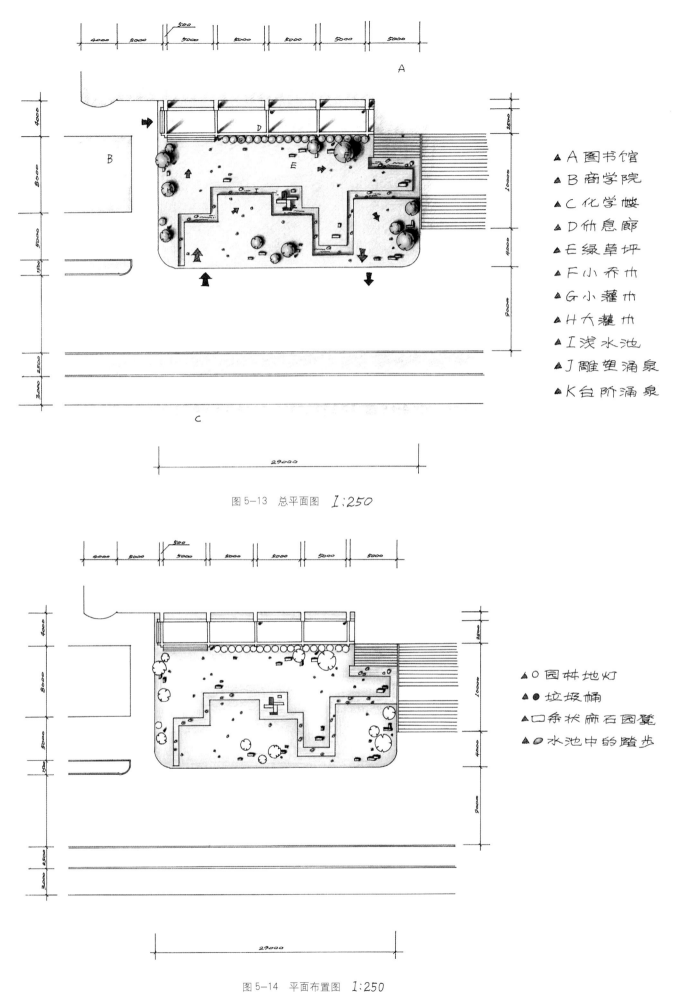

▲A 图书馆
▲B 商学院
▲C 化学楼
▲D 休息廊
▲E 绿草坪
▲F 小乔木
▲G 小灌木
▲H 大灌木
▲I 浅水池
▲J 雕塑涌泉
▲K 台阶涌泉

图 5-13　总平面图　1:250

▲○ 园林地灯
▲● 垃圾桶
▲□ 条状麻石园凳
▲◎ 水池中的踏步

图 5-14　平面布置图　1:250

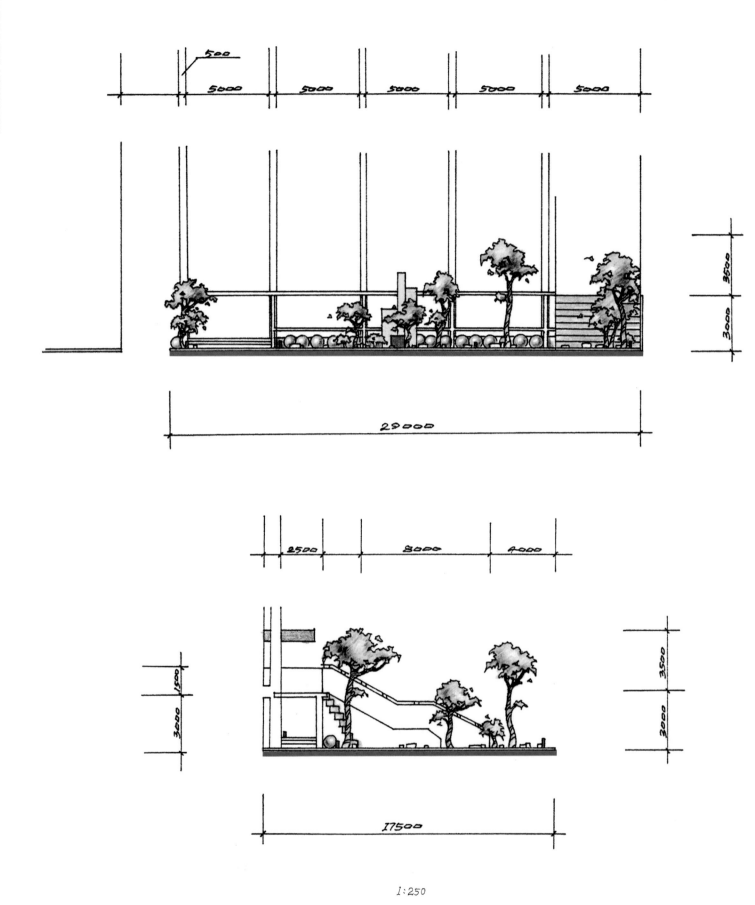

500

5000   5000   5000   5000   5000

3500

3000

29000

2500   8000   4000

3500

1500

3000

3000

17500

1:250

图 5-15 立面图

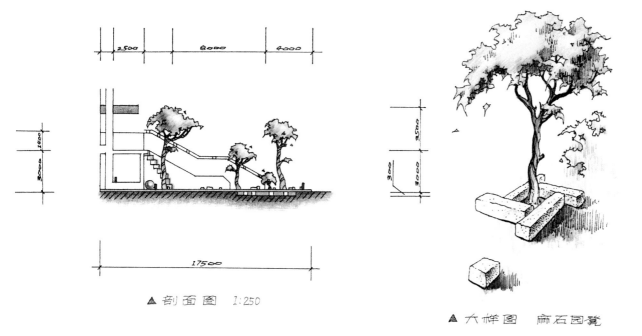

▲ 剖面图 1:250

▲ 大样图 廊石凳

图 5-16 剖面图、大样图

2. 江南某市建筑景观设计方案

该项目是我和设计公司人员合作完成的一个案子,除设计外,还完成了手绘效果图的绘制工作。由于时间很紧,在绘制过程中,我采用了一种借助电脑表现和手绘相结合的方法,即硬质景观部分的三维透视效果借助计算机辅助表现的方式(如 3DSMAX 或 SketchUp 等),以及用 Photoshop 进行后期处理,添加一些人物等配景。这种方法既能准确表现设计内容的形体、尺度、比例、透视关系等,又能大大节省用时、突显出手绘独特的艺术魅力,特别适合在实际设计工作或是平时课题作业中使用,以达到事半功倍的效果。具体绘制步骤如下,供各位参考。

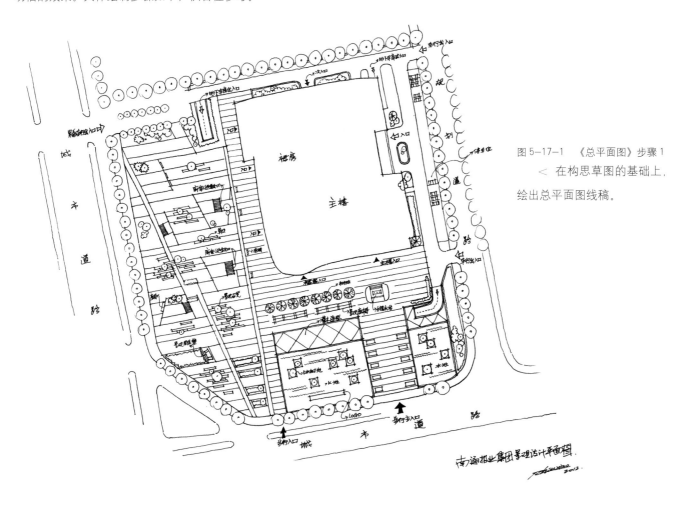

图 5-17-1 《总平面图》步骤 1
< 在构思草图的基础上,绘出总平面图线稿。

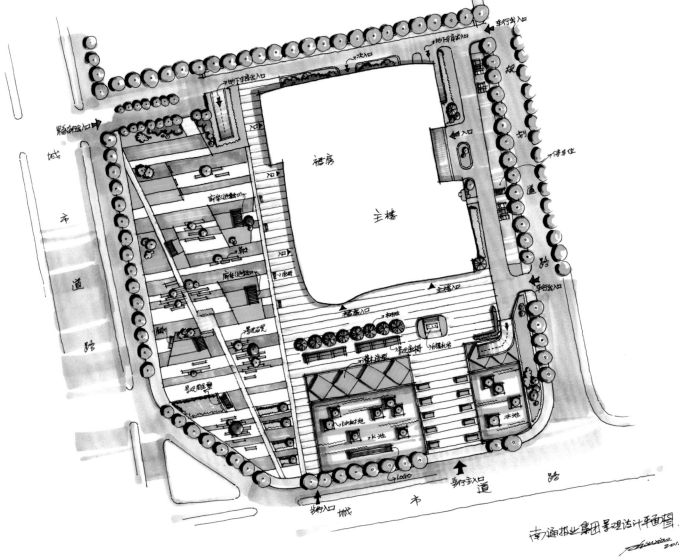

图 5-17-2 《总平面图》完成图

∧ 依次上色，直至完成总平面图。

图 5-18 《节点效果图一》步骤 1

＜ 根据总平面图，用 3DSMAX 建模，把整个场地的硬质景观部分表现出来，形体、尺度要准确。选取适合的节点透视角度，并简单渲染出来。

图 5-19-1 《节点效果图一》步骤 2

图 5-19-2 《节点效果图一》步骤 3

∧ 借助 3DSMAX 表现的硬质景观效果，用手绘形式在参照电脑图的基础上，再加上植物等软质景观，完成手绘线稿。

∧ 上色，先马克笔，再彩铅，注意要与平面图上各景物的色彩基本一致。

图 5-19-3 《节点效果图一》完成图 针管笔 马克笔 彩铅 复印纸

∧ 把完成的色稿扫描至电脑，用 Photoshop 加上人物等配景，既能作为尺度参照，通过人物的大小体现场景的尺度，又能营造空间环境的气氛、加强画面的感染力。人物可以事先就画好一些，扫描后再用 Photoshop 处理成 PSD 格式的文档，以备不同需要时选用。要特别注意的是，加人物等配景到手绘图上时，人物的大小比例一定要与整个空间场景的比例尺度一致，同时人物的走向也要与场地路线的方向一致。

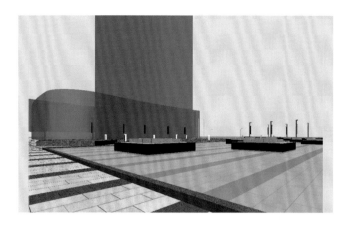

图 5-20　《节点效果图二》步骤 1

这是另一个节点透视角度的效果，大体绘制步骤同前。

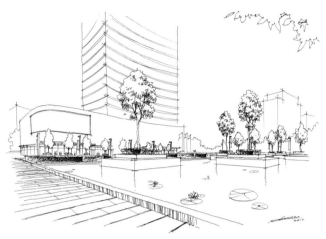

图 5-21-1　《节点效果图二》步骤 2

图 5-21-2　《节点效果图二》步骤 3

图 5-21-3　《节点效果图二》完成图　针管笔　马克笔　彩铅　复印纸

图 5-22 《节点效果图三》步骤 1

这是另一个节点透视角度的效果，大体绘制步骤同前。

图 5-23-1 《节点效果图三》步骤 2

图 5-23-2 《节点效果图三》步骤 3

图 5-23-3 《节点效果图三》完成图 针管笔 马克笔 彩铅 复印纸

3. 某别墅室内及庭院设计方案

本方案设计包括别墅室内一、二层部分，以及一层庭院、二层露台部分，作品曾荣获省级设计大赛的二等奖，设计表现技法为针管笔线稿，马克笔及彩铅上色。

设计说明：

该项目位于南京城东，为高档独栋别墅，周边环境优美，风景如画。户主是一位成功商人，经过多年的打拼，取得了一番令人羡慕的成就。通过与业主的细致沟通，为其倾心打造出一个既功能合理、典雅大气，却又不失居家气息的三代同堂大宅之家。新古典主义设计元素的运用，充分体现出业主的高贵身份与别墅的奢华品质。设计师不仅仅着眼于功能与形式的设计，更侧重于对整体理念的把控，每一个细节都紧扣业主的特点，与其说是在设计环境，不如说是在设计生活。

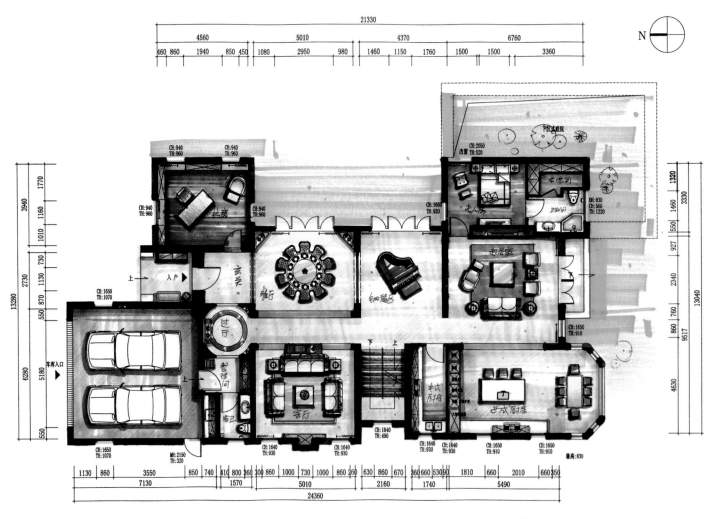

图5-24 一层平面布置图

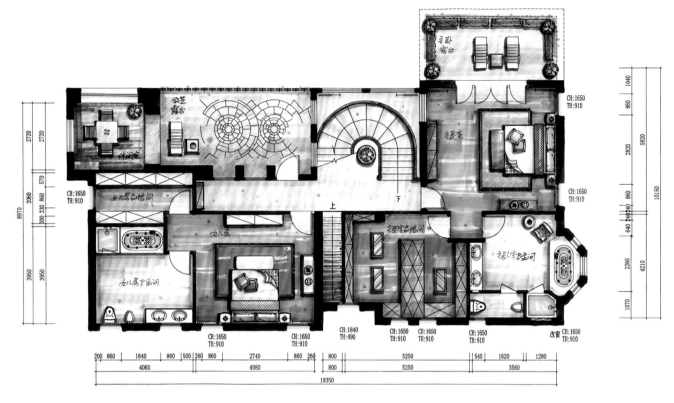

二层平面布置图 1:120

图 5-25　二层平面布置图

图 5-26　客厅效果图

图 5-27 主卧室效果图

图 5-28 女儿房效果图

图 5-29　下沉式庭院效果图

图 5-30　南向庭院效果图

五、考研快题设计作品解析

1．考研快题真题

校园园林景观设计

某校园景点拟补充完善以供学生休憩之用，其周围环境条件如下图所示。场地为直角三角形，两边长度分别为30米和20米。场地中现已有一三角形平顶亭和一些乔灌木，具体内容详见测绘草图（附图1）。景点中拟增设一块20～30平方米硬质铺地以及进出景点的道路，设计者也可酌情增设小水景和景墙等内容。请按照所给条件以及设计和图纸要求完成该景点的设计。

一、设计要求

图面表达正确、清楚，符合设计制图要求；

各种园林要素或素材表现恰当；

考虑园林功能与环境的要求，做到功能合理；

种植设计应尽量利用现有植物，不宜做大的调整。

二、设计内容及图纸要求

景点平面，比例1：100；

立面与剖面各1个，立面比例1：100，剖面比例1：50；

透视或鸟瞰图1幅；

不少于200字的简要设计说明；

表现手法不限；

图纸大小A2

三、时间要求：

3小时

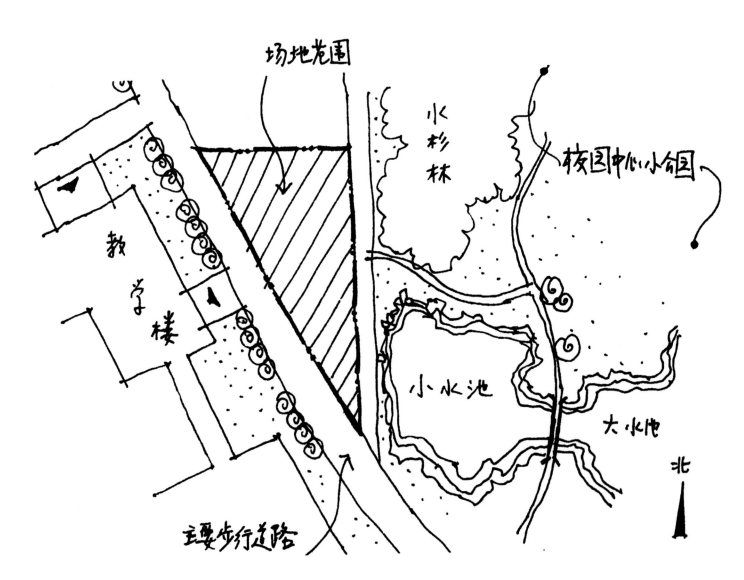

图5-31-1

附图1—— 景点现状测绘草图

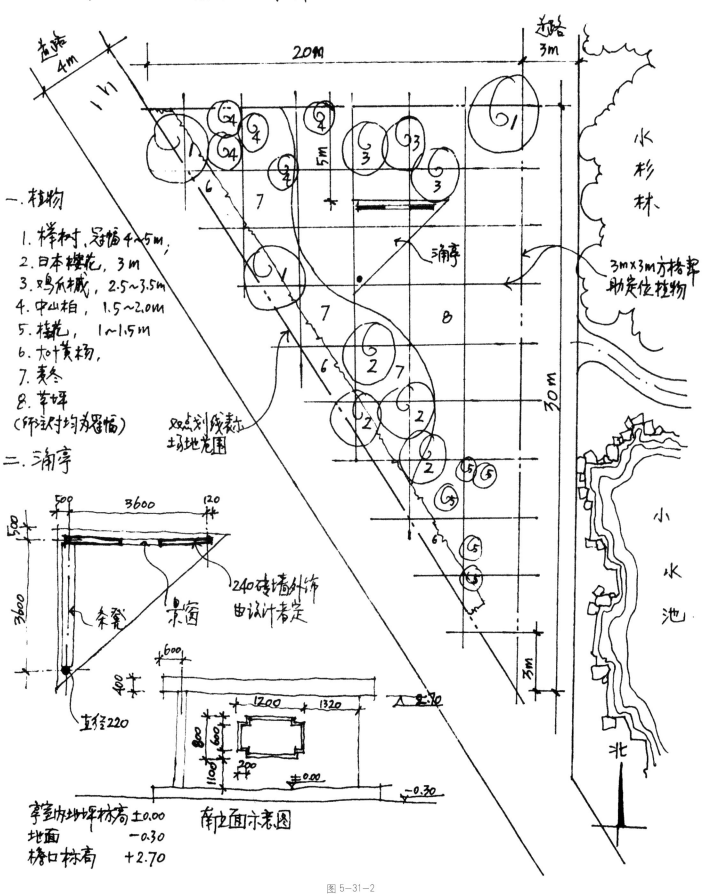

一. 植物

1. 榉树, 冠幅 4~5m;
2. 日本樱花, 3m
3. 鸡爪槭, 2.5~3.5m
4. 中山柏, 1.5~2.0m
5. 桂花, 1~1.5m
6. 大叶黄杨,
7. 麦冬
8. 草坪
(所注尺寸均为冠幅)

二. 湖亭

亭室内地坪标高 ±0.00
地面   -0.30
檐口标高   +2.70

240砖墙外饰
由设计者定

虚线点划线表示
场地范围

3m×3m方格网
助定位植物

水杉林

小水池

北

直径220
条凳
景窗

南立面示意图

图 5-31-2

城市绿地景观规划设计

某城市拟在图示范围中进行环境改造。该场地呈长方形，南北长 40 米，东西宽 20 米，地势平坦。

一、设计要求

对原有地形允许进行合理的利用与改造；

考虑市民晨练及休闲散步等日常活动，合理安排场地内的人流线路；

可酌情增设花架与景墙等内容，使之成为凸显城市文化的要素；

方案中应尽量利用城市河道，体现滨水型空间设计；

种植设计尽可能利用原有树木，硬质铺地与植物种植比例恰当、相得益彰。

二、设计内容

总体规划图 1：200，1 个

局部绿化种植图 1：200，1 个

景点或局部效果图 4 个，其中一个为植物配置效果图

剖面图 1：200，1 个

400 字规划设计文字说明（在图纸上）

三、图纸及表现要求

图纸尺寸为 A2；

图纸用纸自定，张数不限，但不得使用描图纸与拷贝纸等透明纸；

表现手法不限，工具线条与徒手均可。

四、时间要求：

5 小时

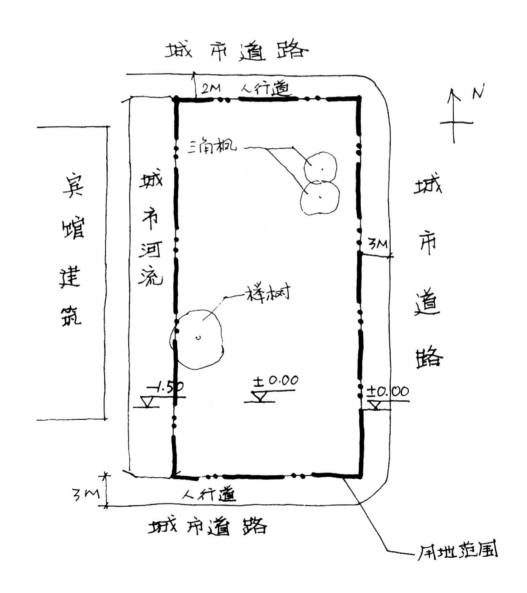

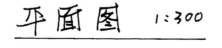

平面图 1：300

图 5-32

校园景观环境规划设计

位于江南地区的某林业类高校校园需要对学校的中心区景观环境进行改造，基地地势平坦，基地情况见附图所示。此改造要实现以下要求：

1）在A区设计要充分体现该校园的人文景观特征，并合理安排梁希先生铜像，体现林业校园应具有的文化氛围；

2）在B区地块和C区地块为师生提供良好户外休闲活动和交流空间；B区以自然式布局方式为主，C区配合浅水区的要求，营造出小桥、流水的生动景观；

3）中心区景观各分区应有空间特色。

（注：停车场地不用考虑）

一、规划设计要求：

A区绿地率不少于25％，B区、C区绿地率不少于50％；

充分体现校园文化，满足高校师生休憩、交流的需求；

营造舒适、美观的环境氛围；

其它规划设计条件（建筑、小品、座椅等）自定。

二、图纸内容要求：

1）中心区景观功能分区分析示意、交通组织分析示意及景观视线分析示意，并结合文字表述各分区应有的空间定位、特色及种植设想，文字不得少于200个字符。（20分）

2）完成A区或B区的平面设计，比例自定。（40分）

3）完成A区或B区的整体效果图1个，不小于A3图纸尺寸。（20分）

4）完成C区临水部分的局部效果图（含桥景观）1个，尺寸不小于A3图纸。（10分）

5）完成在C区驳岸设计1个，比例自定。（10分）

三、图纸要求：

A2图纸（透明纸无效），张数不限，表现手法不限

四、时间要求：

6小时

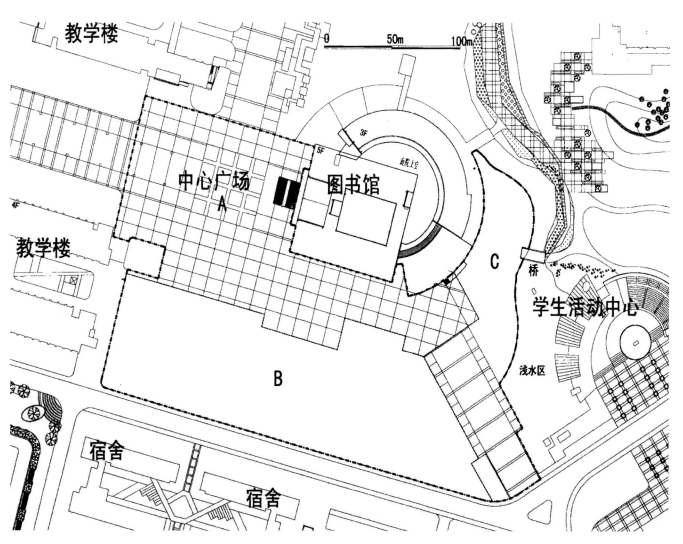

图 5-33

2. 快题模拟考试作品解析

设计方面：该设计基本满足任务书规定的功能要求，平面布局以圆形为主题，结合道路和种植形成统一的构图。临近城市道路处采用种植划分空间并减少了噪声，圆形广场的设计有利于人们晨练活动和交流。但有两处硬伤：一是没有提供休憩的功能，如座椅坐凳等，二是滨水部位设计有误，应以亲水平台或木栈道的形式为好。另外，地形缺少变化，可以将小广场下沉设计，立面上也可增加一些景墙的设计，丰富景观的效果。

表现方面：版面布局合理，图例大小得当，尺寸标注详细，标题字体活泼，整个图面以马克笔辅以彩铅表现，色彩明快，植物造型准确，视觉效果很好。特别是鸟瞰图的表现很到位，充分反映了场地的设计效果，若能把滨水的水景效果也表现一些，将更为全面丰富。不足之处是分析图过于简单，立面图中的地面线没有用粗线表示，没有标高，平面图的笔触也稍显零乱。

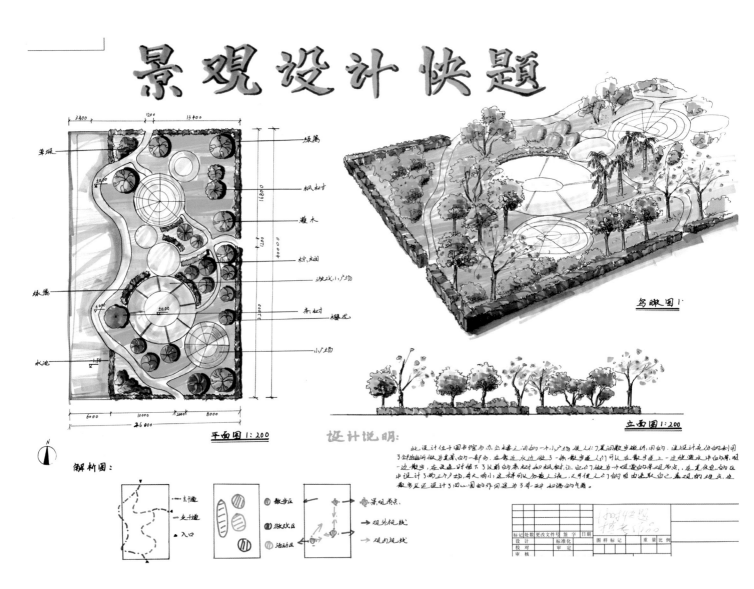

图 5—34 学生习作《城市绿地景观快题设计》／胥姝 南京艺术学院 针管笔 马克笔 彩铅 A2 图纸 3 小时

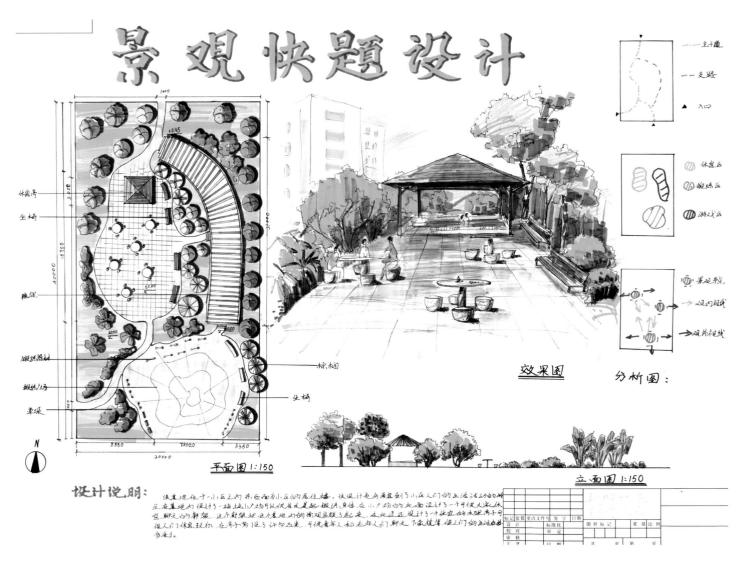

图 5-35 学生习作《居住区景观快题设计》／蔡薇 南京林业大学 针管笔 马克笔 彩铅 A2 图纸 3 小时

设计方面：该设计功能布局合理，符合任务书的基本要求，平面图上没有大的原则问题。大面积的硬质场地满足了居民的休闲活动，并布置了石桌石凳和健身器材，供人们交流和活动，通过廊架把整个场地中的景观统一起来，并和方亭一起提供了很好的休憩功能，若地形起伏再有一些变化，效果会更好。

表现方面：版面布局紧凑，采用马克笔平涂和退晕手法相结合，整个图面效果很好。平面图刻画到位，各设计元素明确直观，投影的表现加强了平面图的立体感，透视图的人物配景使画面更加生动。不足之处是立面图过于简单，线宽区分不明显，地面线没用粗线表示，主要标高应标注出来，最好加入人物配景作为尺度参照。此外，这种小型场地的透视图最好能选择鸟瞰图表现，效果更为充分。

第六章
手绘设计作品赏析

本章精选了笔者大量的手绘设计范图，其中既有教学示范、平时练习，又有写生实践、项目设计。作品形式多样、内容丰富、易学适用，充分体现了手绘作品快速直观的特点与独特的艺术魅力，同时还对每幅作品的表现要点、技法技巧等都进行了简要的解析，并分享了本人在作画时的心得体会，特别适合初学者学习与临摹练习。除本人的作品外，还有针对性的挑选了部分学生习作，通过点评分析，便于大家在学习过程中参照、借鉴，少走弯路，尽快掌握手绘技法，提高手绘技能与艺术素养，开拓眼界创新思维，为成为一名优秀的设计师打下坚实的基础。

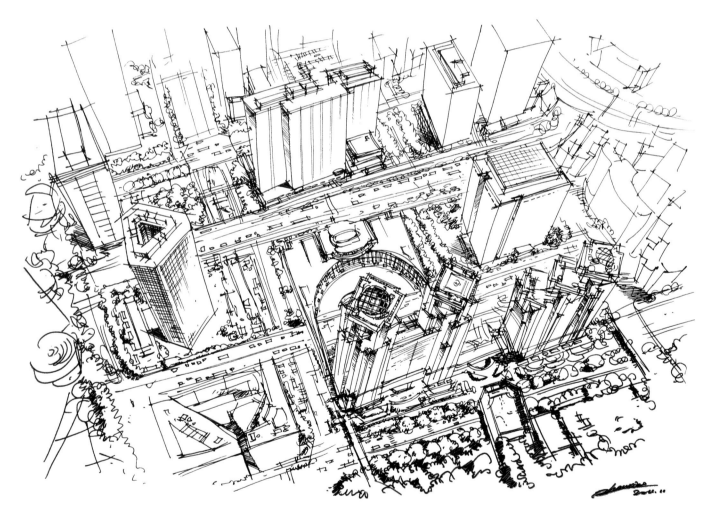

图 6-1-1　《城市建筑景观鸟瞰》　针管笔　绘图纸

画好鸟瞰图的效果，关键在于对整个场地大的透视关系和主要景物形体结构的准确把握，鸟瞰图表现的景物众多，概括取舍很重要，刻画要有主次，切不可画得面面俱到。

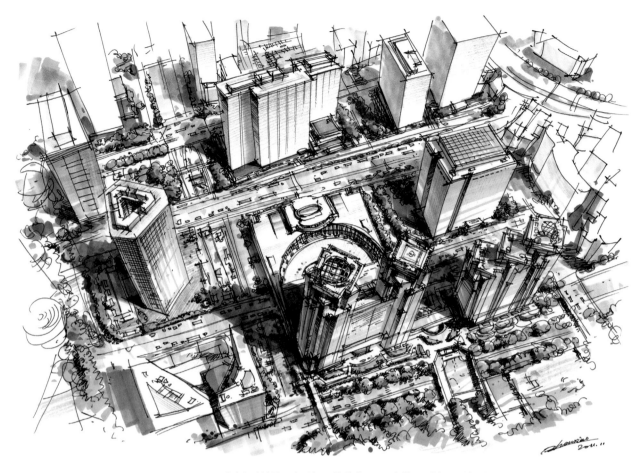

图 6-1-2 《城市建筑景观鸟瞰》 针管笔 马克笔 彩铅 绘图纸

　　对光影的准确表现也是鸟瞰图的一个重点，投影位置要与来光方向相对应，投影方向要统一，投影要有深浅变化，要画得通透，不能画得漆黑一片，死气沉沉。

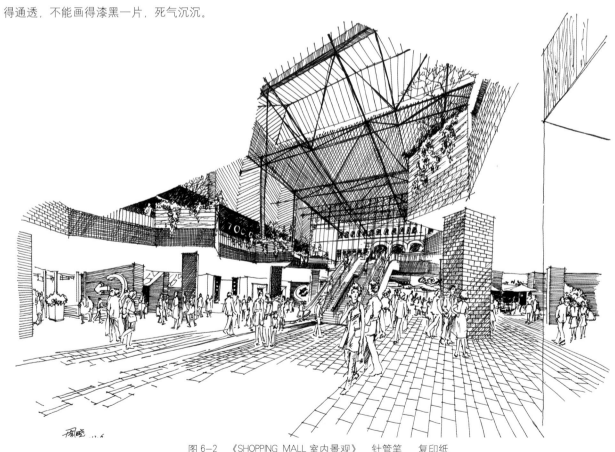

图 6-2 《SHOPPING MALL 室内景观》 针管笔 复印纸

　　这是一幅临摹美国建筑画选的作品，刻画细腻，表现生动。建议各位在写生或设计之余，不妨有针对性的临摹一些高手的作品，在临摹的过程中深入领悟他人的技法与心境，这对于自己手绘技能的提高是很有帮助的。

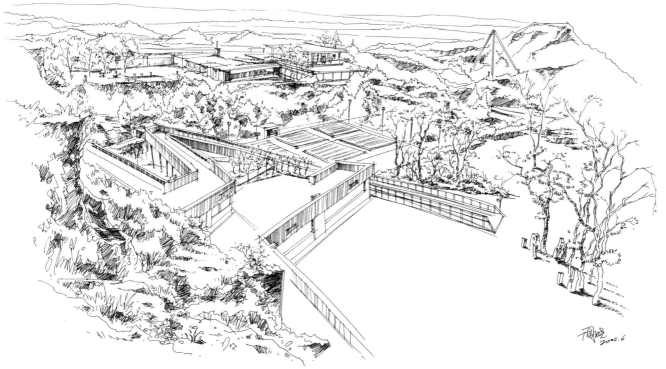

图 6-3-1 《罗马采石场景观》 针管笔 绘图纸

罗马采石场景观的设计灵感来源于采石场的采矿技术，大型的楼梯和桥梁结构，从采石场的顶端一直向下蜿蜒到主要的欢庆场地之上。道路两侧栏杆上生锈的金属栏杆成一种 Z 字形状，创造出了一种独特的海拔高度。

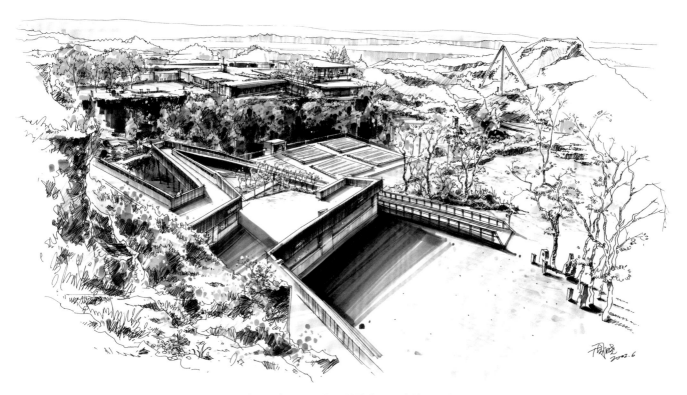

图 6-3-2 《罗马采石场景观》 针管笔 马克笔 彩铅 绘图纸

此图充分表现了该作品的设计效果，鸟瞰的角度，开阔的场景，以丰富而生动的笔墨语言，传递出设计作品所追求的人文建筑与自然景观和谐统一的精神境界。

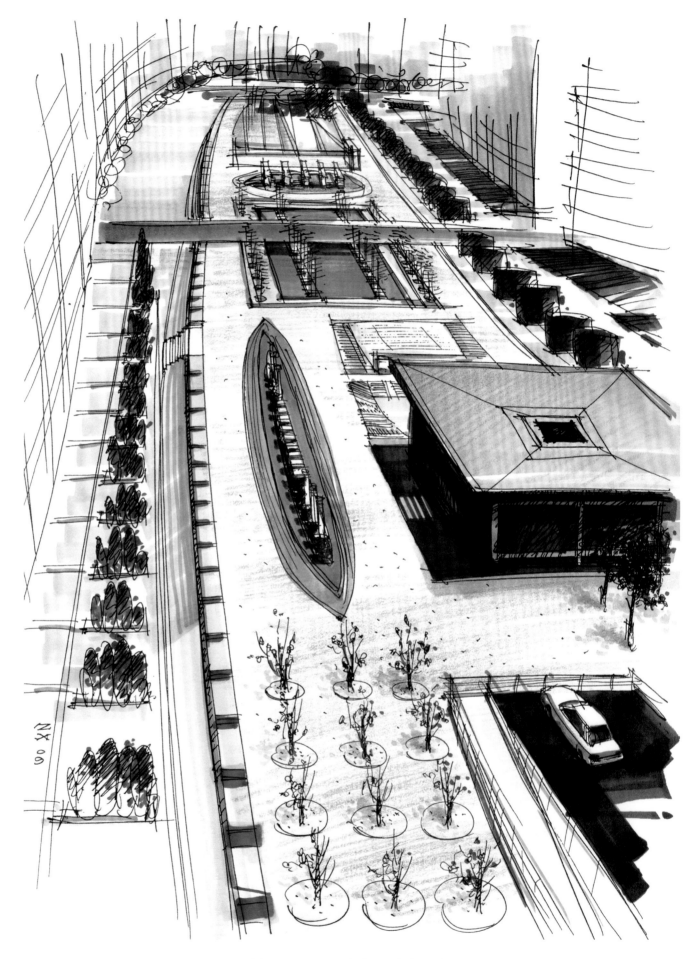

图 6-4 《城市广场景观》 签字笔 马克笔 彩铅 复印纸

这种快速表现的鸟瞰图，不在于对局部细节的刻画，而在于对整个场景效果及空间气氛的把握。

图6-5 《南京玄武湖公园景观一》 签字笔 马克笔 彩铅 绘图纸

映日荷花别样红。八月的南京，皎阳似火，地表温度接近50℃，就是在这样的环境下，我在玄武湖畔完成了这幅作品，虽然其间汗如雨下，蝉鸣阵阵，但我被这美景所深深吸引，气定神闲，心如止水。

图6-6 《南京玄武湖公园景观二》 签字笔 马克笔 彩铅 绘图纸

玄武湖公园是南京著名的景区之一，中国最大的皇家园林湖泊，象城市的一片绿肺，为江南城市湖景公园的典型代表。站在南京火车站这边的环湖路远眺公园，以湖景为依托，凸显出城市地标建筑的形态。作品以速写的手法进行了高度概括，画面层次丰富，主体突出，水天一色。

图6-7 《南京城市印象》 签字笔 彩铅 复印纸

新街口城区，春末夏初的季节，乌云突然遮天蔽日，但阳光依旧顽强地从云缝中透射下来，呈现出变幻的光影之美、光色之美，仿佛是在述说着这座城市的过去与未来。惊叹之余，我用彩铅充满力量与激情的描绘出这一场景。

图6-8 《湖景别墅》 针管笔 马克笔 彩铅 复印纸

有些破败的别墅略显忧郁的矗立在湖边，似乎向人们诉说着他的故事，周边那些充满生机和活力的绿植使老别墅重新焕发了青春。

图 6-9 《海滨度假村景观》 针管笔 马克笔 彩铅 复印纸

　　建筑、景观、小品、植物，在蓝天碧水的映衬下，营造出浓郁的东南亚海景假日风情。两棵巨大的椰树仿佛要伸出画面一般，直逼眼前，让你身临其境。

图 6-10 《宏村书店》 签字笔 彩色铅笔 牛皮纸

　　这是宏村街边的一个小书店，面积很小，估计在别的地方早就被当做违建拆除了。见的次数多了，就象老熟人一样，每到皖南来写生时，总要去看看他还在不在，而他也总是笑着向我打招呼：不管你在与不在，我可就在这里哦！

图 6-11 《粉墙黛瓦》 签字笔 彩色铅笔 牛皮纸

　　高高的马头墙、深深的石板路小巷、潺潺的流水、锈迹斑斑的门框、长满青苔的毛石，粉墙黛瓦和小桥流水共同赋予了古徽州犹如世外桃源般的精彩。作品采用线面结合的手法，尝试将中国画技法中的皴法运用在其中，表现明暗与质感。

图6-12 《幽幽小巷》 签字笔 彩色铅笔 牛皮纸

　　该作品以表现院墙、门洞、石板路以及玉兰树的组合为主，对它们适当夸张变形的处理更好地突出了各自的特点，厚重的瓦片特写与留白的墙面形成对比，鸟笼的加入不仅拉开了空间的距离，又使整个画面充满了一丝趣味。

图 6-13 《古建门楼》 签字笔 马克笔 彩铅 复印纸

　　一座典型的徽派民居古建宅院，精美的门楼是表现的重点，鲜红的春联和深沉的木门成为画面的"画眼"，清新的绿植点缀其间，老宅院依旧承载着人们对生活的寄托。马克笔的方形笔触很是适合表现院墙斑驳的肌理效果，记录着岁月留下的痕迹。

图 6-14 《云南民居》 针管笔 彩铅 底纹纸

　　依山而建的古民居和自然的山地林木和谐统一，交相辉映。对建筑的刻画，表现了民居的特点，彩铅与底纹纸的配合，带来了浓重而又粗犷的画面感，充满了古朴素雅的意境。

图 6-15　《公园滨水景观》　勾线笔　彩色笔　彩铅　绘图纸

简练的线条，鲜亮的色彩，充满激情与力度，凸显出设计草图的独特魅力。上色工具为儿童彩色笔及彩铅辅助完成。

图 6-16　《秋水》　马克笔　彩铅　复印纸

作品没有勾画任何线稿，而是直接以马克笔完成，马克笔在表现色彩的同时，将形体也一并表现出来。景物的实与倒影的虚，形成有趣的对比，相互映衬。

图 6-17　《月沼》　签字笔　水彩　彩铅　牛皮纸

　　这是一幅采用综合技法的作品，描绘了宏村月沼那美妙的夜景。牛皮纸本色做底，签字笔勾画线稿轮廓，水彩渲染夜空和水塘，彩铅刻画与提亮细部。夜晚的月沼，没有了白天的喧嚣，只留下宁静与祥和。

图 6-18　《广场中心景观》　针管笔　马克笔　彩铅　复印纸

　　各种植物、水体等软景和石块、水池、铺地等硬景构成休闲广场的中心景观区，体现了植物造景的效果特点。表现技法以彩铅为主，马克笔为辅。

图 6-19 《假日酒店景观》 针管笔 马克笔 彩铅 复印纸

椰树、海景、泳池、拱桥、躺椅在充沛的阳光下与奢华的酒店、慵懒的人们共同呈现出一派浪漫、惬意的假日风情。

图 6-20 《高端别墅区景观》 针管笔 马克笔 彩铅 复印纸

较低的视角弱化了建筑，突出表现了环境景观的设计效果，特别是对水景细节的刻画，彰显出别墅区的高贵品质。

图 6-21 《公共空间景观》 针管笔 马克笔 彩铅 复印纸

如何表现逆光的场景无疑是此作的重点，大面积的投影及暗部处理的透气而有变化，切不可画得沉闷呆板，恰到好处的留白与之充分展现出光影的魅力。

图 6-22 《泳池景观》 针管笔 马克笔 彩铅 复印纸

泳池水景与植物廊架形成强烈地虚实对比，右侧的建筑平衡了构图，鲜活的人物成为画面的主角。

图 6-23　《南京夫子庙景观》　签字笔　马克笔　彩铅　复印纸

　　夫子庙是一组规模宏大的古建筑群，是供奉和祭祀孔子的地方，中国四大文庙之一。景区集古迹、园林、画舫、市街、楼阁和民俗民风于一体，还有诱人的秦淮夜市和金陵灯会、风味小吃等，使中外游客为之陶醉。

图 6-24　《共享空间景观》　针管笔　马克笔　彩铅　复印纸

　　恰当的色彩搭配既丰富了画面，又使空间充满了层次感，关键的重色在其中必不可少，鲜活的人物配景很好地烘托了环境气氛。

图 6-25　《海滨度假村景观》　针管笔　马克笔　彩铅　复印纸

碧水蓝天、裸露的原石、别致的建筑、茂盛的植物、生动的人物与三三两两的阳伞构成一幅让人神往的休闲度假美景。

图 6-26 《休闲空间景观》 针管笔 马克笔 彩铅 复印纸

廊架要当做一个整体来表现，喷泉的刻画要充分体现出动水的特点，画面近、中、远景的层次关系要处理到位。

图 6-27 《公园景观》 针管笔 马克笔 彩铅 复印纸

灌木、石头、铺地是刻画的重点，树木则概括处理表现，对投影的准确表现让整个画面充满了阳光。

图 6-28 《校门快题设计》 签字笔 马克笔 彩铅 绘图纸

课堂示范，以某大学校门入口及周边景观为题所做的一个快速设计表现，用时 40 分钟。

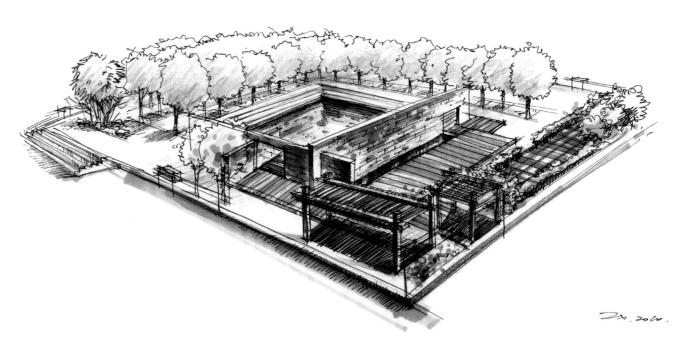

图 6-29 《景观快题设计鸟瞰》 签字笔 马克笔 彩铅 复印纸

作品充分发挥了马克笔与彩铅各自的特点，以概念性草图的形式将整个场地的设计效果直观、迅速地表现出来，用时 40 分钟。

图 6-30 《公共空间景观》 签字笔 马克笔 彩铅 复印纸

对木质平台、玻璃窗户、石材铺地、沙土花池的描绘，真实的表现了各自材料的质感特点。

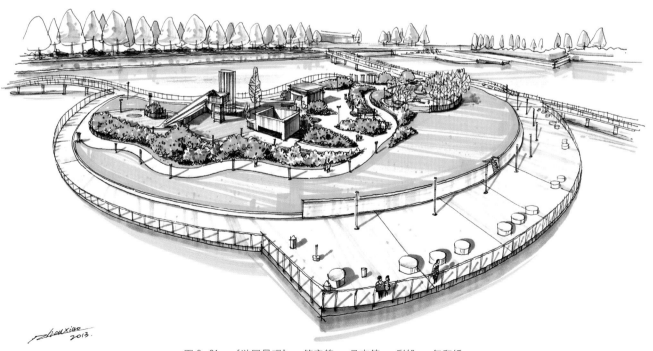

图 6-31 《游园景观》 签字笔 马克笔 彩铅 复印纸

鸟瞰的角度将整个游园的设计效果尽收眼底，水体的大面积留白与游园的重点刻画形成强烈的对比，更加凸显出画面的主体。

图 6-32 《别墅景观快速表现》 签字笔 马克笔 彩铅 复印纸

这是一幅较为典型的快速设计表现作品，大胆的用色、潇洒的用笔使画面产生了很强的视觉冲击力，传递出浓浓的艺术气息。

图 6-33 《校园景观》 签字笔 马克笔 彩铅 复印纸

对植物、小品、铺地、建筑以及人物的表现，营造出鲜明的校园环境氛围。

图 6-34 《台北商业中心景观》 针管笔 马克笔 彩铅 复印纸

这是我在台湾访学交流期间所作，台北最具价值的商业与时尚中心是信义商圈，范围包括新光三越信义新天地、新光三越二馆、台北信义威秀影城、纽约纽约购物中心、台北 101 购物中心、凯悦饭店等多家百货公司、饭店、时尚餐厅。作品主要表现了商业步行区的景观，以圣诞节为主题的小品凸显出节日的气氛。

图6-35 《台湾鲤鱼潭公园景观》 针管笔 马克笔 彩铅 复印纸

鲤鱼潭风景区地处花莲，潭边有一处绿地盎然的公园，可亲近湖畔垂钓或是散步，园中设有以石材为主题的国际雕塑作品展，且设有凉亭可供休息或是泡茶观景，还有宽敞的露营场地可供人们使用，让你度过悠闲自在的假日时光。三三两两的人们漫步在圆形广场与小径中，树干的留白处理增强了画面的艺术性。

图6-36 《校园小景》 签字笔 水彩 法国康颂水彩纸

作品采用钢笔淡彩的表现形式，快速轻松地表现了方亭、廊架、植物与置石的效果，画面水色交融、清新雅致，充分体现出水彩独特的艺术魅力。

图 6-37 《东南大学大礼堂》 签字笔 马克笔 彩铅 复印纸

每当金秋来临，在梧桐树叶的映衬下，这座具有欧洲文艺复兴古典风格的建筑，显得分外耀眼。大礼堂以其雄伟庄严和别具一格的造型，在众多的校园建筑中独具特色，成为东南大学的标志性建筑。作品不仅表现了欧式古典建筑的造型特点，还营造出浓郁的大学校园氛围。

图 6-38 《南京农业大学主楼》 签字笔 马克笔 彩铅 复印纸

主楼位于南农大的北面，为民国时期建筑，是著名建筑师杨廷宝的作品。历经沧桑的主楼一直屹立到现在，依旧用它古老而年轻的蓬勃气息感染着代代莘莘学子。作品力求以手绘为表现形式，准确生动地描绘出新民族主义建筑与景观的形态特点。

图 6-39 　《文化商业街区景观一》 　 针管笔 　 马克笔 　 彩铅 　 复印纸

作品采用一点透视的构图形式，层次丰富，空间感很强，将各种设计元素很好地统一在整个画面之中。斑驳的树影使画面充满了光感，散发出阳光的味道。

图 6-40 　《文化商业街区景观二》 　 针管笔 　 马克笔 　 彩铅 　 复印纸

画面左侧大面积的留白与右侧的重色构成了作品的审美意趣，对中式建筑元素的准确表现与近景人物的生动刻画，让人可以细细品味。

图6-41　《文化商业街区景观三》　针管笔　马克笔　彩铅　复印纸

　　精美的建筑、典雅的景观、鲜活的人物共同营造了文化商业街区的空间效果，既有传统文化的特色，又富有现代商业的气息。中式建筑的表现手法值得借鉴。

图 6-42 《概念草图表现系列》 针管笔 马克笔 彩铅 复印纸

概念性草图与效果图不同，主要是表现大的设计理念，更注重整体效果的表现，不要拘泥于局部细节的刻画。

图 6-43 《概念草图表现系列》 针管笔 马克笔 彩铅 复印纸

酒店廊道景观效果，将玻璃廊架、步道、树池与跌泉水景很好地结合在一起。

图 6-44 《概念草图表现系列》 针管笔 马克笔 彩铅 复印纸

一个办公空间景观的效果，设计手法很现代，配景人物的点缀必不可少。

图 6-45 《概念草图表现系列》 针管笔 马克笔 彩铅 复印纸

高大的热带植物形成树阵，曲线型的步道与之相呼应，共同勾勒出蜿蜒的水景。

图 6-46 《概念草图表现系列》 针管笔 马克笔 彩铅 复印纸

酒店外部空间的景观效果，采用规整分隔的设计手法，既让人感觉很丰富，但又不杂乱。

图 6-47 《概念草图表现系列》 针管笔 马克笔 彩铅 复印纸

一个现代风格的庭院设计，对明暗及投影的恰当处理，使整个院子充满了阳光的味道。

图6-48 《酒店套房景观》 签字笔 马克笔 彩铅 复印纸

轻柔的纱幔、舒适的床具、精致的家具,让你全身心的放松下来,感受设计所带来的这一切。

图6-49 《中式客厅景观》 针管笔 马克笔 彩铅 绘图纸

精心刻画的家具陈设、灯具及格栅营造出中式大宅端庄、典雅的空间氛围,条案上的绿色盆景与深沉的红棕色家具形成鲜明的对比,成为整个画面的中心亮点。

图 6-50　《酒店餐厅景观》　针管笔　马克笔　彩铅　复印纸

亮丽的色彩、肯定的笔触，描绘出极富情调的空间，让你仿佛正置身其中，邀三五好友，来小酌一杯。

图 6-51　《酒店包间景观》　针管笔　马克笔　彩铅　复印纸

舒适的曲型座椅，精致的酒器餐具，一切准备妥当，就等宾客入席落座，高端大气就在笔墨之间。

图 6-52 《汽车主题馆景观》 签字笔 马克笔 彩铅 绘图纸

对称的构图、潇洒的用笔、响亮的色彩，还有宝贵的重色"黑"，是构成画面形式美的关键。

图 6-53 《主人房景观》 针管笔 透明水色 保定水彩纸

对透明水色渲染技法的准确运用，在表现形、色、材的同时，还充分表现出光影的效果，赋予了画面清新而略显浪漫，淡雅中仍不失有华贵气息的空间意境。

图 6-54　《别墅客厅景观》　针管笔　马克笔　彩铅　复印纸

　　家具陈设与材料质感是作品描绘的重点，钢化玻璃的茶几让人感觉到它的清脆和透亮，皮椅上主人落下的棒球帽也成为画面有趣的组成部分。

图 6-55 学生习作《建筑景观》／孙树梅 东南大学 针管笔 马克笔 彩铅 绘图纸

构图饱满，透视准确，主次虚实处理得当，对建筑形体与植物特征表现到位，如果线描再放松一点，效果会更好，这是她来工作室学习四周后的作品。

图 6-56 学生习作《路桥景观》／焦龙 盐城工学院 针管笔 马克笔 彩铅 绘图纸

行人天桥刻画细致准确，用笔用色大胆生动，空间层次丰富，但在人物、车辆配景的表现上还要加强。

图 6-57 学生习作《城市绿地景观》／唐绿萍 南京农业大学 针管笔 马克笔 彩铅 绘图纸

画面黑白布局得当，建筑与植物相互辉映，红衣小人点缀其间充满情趣，不足之处是近处的树影画得有点"死"，过于呆板了些。

图 6-58 学生习作《别墅景观》／刘易秋水 江苏经贸学院 针管笔 马克笔 彩铅 绘图纸

建筑、植物、黄石、水景——刻画到位，屋顶的"红"与植物的"绿"形成强烈的对比，但又统一于整个画面，如果在明暗及光影方面再加强一些，效果更好。

图 6-59 学生习作《绿地景观》／张莉敏 南京林业大学 针管笔 马克笔 彩铅 绘图纸

　　作品较好地表现了城市绿地景观的效果，主体松树刻画深入细致，体积感很强，但远处的树林可以画得再概括些，用笔用色稍显杂乱。另外，远景建筑的颜色少上一点会更好。

图 6-60 学生习作《远眺西递》／周见文 江苏经贸学院 签字笔 彩铅 绘图纸

　　作者没有直接照搬真实的场景，而是借鉴了中国画中的散点透视法，将建筑进行了新的组合处理，描绘出皖南村庄的独特风貌，取得了具有构成意味的装饰美，唯一上色的绿植打破了画面的均衡，成为亮点。

图 6-61　学生习作《古典园林景观》／吴越　南京财经大学　针管笔　马克笔　彩铅　绘图纸

吴越是非设计专业的同学，之前没有任何美术基础，但通过在工作室系统的学习，加之自己的勤奋与努力，四周集训后就达到如此的效果，让人几乎难以置信。

图 6-62　学生习作《校园一角》／张昊　江苏经贸学院　签字笔　马克笔　彩铅　绘图纸

出色的线稿是作品成功的关键，生动的上色使作品充满了魅力。松树画得很有特色，人物点缀的轻松自然，效果很好。

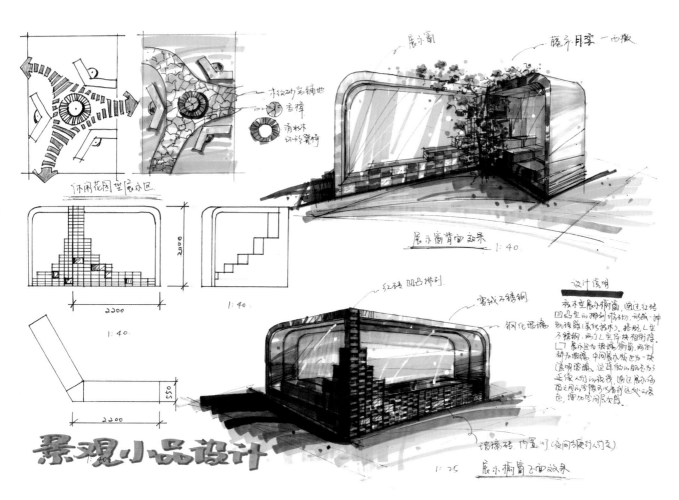

图 6-63　学生习作《景观小品快题设计》／周歆怡　南京理工大学　针管笔　马克笔　彩铅　A2 图纸

一个橱窗小品的快题设计与表现，作品功能设计合理，有一定新意，效果表现充分，图例明确清晰，排版紧凑得体，具有较强的视觉冲击力。

主题公园快题设计

Theme Park around Damanyak.

設計說明

图 6-64　学生习作《主题公园快题设计》／朱淋　三江学院　针管笔　A1 图纸

作品完整性较好，平面布局合理，依托原有地形，通过巧妙的构思，满足各项功能需求，设计元素丰富，主题明确突出，绘图规范细致，版面美观大方，标题手绘字很有艺术性。

主题公园快题设计

Theme Park around Damanyak.

設計說明

图 6-65　学生习作《主题公园快题设计》／朱淋　三江学院　针管笔　马克笔　彩铅　A1 图纸

平面图、立面图表现准确细腻，整体鸟瞰图、局部效果图刻画生动详尽，手绘技法运用自如，充分展示出设计的效果，同时也体现出作者较为娴熟的表现技能与扎实的艺术功底。

附录

【手绘设计】练习任务书二

此任务书与本书内容相对应，供各位学习者参照，边看边练，边学边画。通过 12 周的强化练习，可以使你快速掌握写生及设计创作的表现技能，在快题设计的应试考核中取得优异的成绩。具体练习内容、学时及周次可根据各自的实际情况调整。

周次	学时	练习内容安排
一	27	一、立体空间思维与表现 1．基本单体练习（10−20 张，每张上面至少 4 个单体，绘于草稿纸） 2．体块组合练习（10−20 张，每张上面至少 2 个组合，绘于草稿纸） 3．立体字练习（3−5 张，每张上面至少 2 个，绘于草稿纸） 4．立体空间练习（5−10 张，绘于草稿纸）
二	27	二、设计元素表现 1．临摹马克笔彩铅技法－植物表现练习（15−20 张，每张上面至少 2 个植物） 2．临摹马克笔彩铅技法－小品表现练习（10−15 张，每张上面至少 2 个小品） 3．临摹马克笔彩铅技法－建筑表现练习（10−15 张，每张上面至少 2 个建筑）
三	27	二、设计元素表现 4．临摹马克笔彩铅技法－石头表现练习（5−10 张，每张上面至少 2 组石头） 5．临摹马克笔彩铅技法－水体表现练习（5−10 张，每张上面至少 2 组水体） 6．临摹马克笔彩铅技法－铺地表现练习（5−10 张，每张上面至少 2 种铺地） 7．写生照片图片－设计元素表现练习（每种 5−10 张，每张上面至少 2 个，马克笔彩铅技法）
四	27	三、局部小景表现 1．临摹马克笔彩铅技法－小景组合练习（5−10 张，每张上面至少 2 组） 2．写生照片图片－小景组合表现练习（5−10 张，每张上面至少 2 组，马克笔彩铅技法）
五	27	四、整体全景表现 1．临摹马克笔彩铅技法－节点透视图练习（5−10 张） 2．临摹马克笔彩铅技法－鸟瞰图练习（3−5 张） 3．写生照片图片－节点透视图表现练习（3−5 张，马克笔彩铅技法） 4．写生照片图片－鸟瞰图表现练习（3−5 张，马克笔彩铅技法）
六	27	五、水彩表现技法 1．水彩技法渲染练习 ①平涂（2−3 张，每张上面 4 个，绘于 8K 水彩纸） ②叠加（2−3 张，每张上面 4 个，绘于 8K 水彩纸） ①退晕（3−5 张，每张上面 4 个，绘于 8K 水彩纸） 2．临摹水彩技法作品练习（3−5 张，绘于 4K 水彩纸） 3．写生照片图片－水彩技法实例表现练习（2−3 张，绘于 4K 水彩纸）
七	27	六、实景写生表现 1．临摹写生作品练习（3−5 张，马克笔彩铅技法） 2．写生照片图片练习（3−5 张，马克笔彩铅技法） 3．写生现场实景－小景组合表现练习（3−5 张，马克笔彩铅技法） 4．交流请教，总结写生实践的心得与经验，找出存在的问题并改进 5．写生现场实景－整体全景表现练习（3−5 张，马克笔彩铅技法）
八	27	七、快题手绘设计表现基础 1．临摹常见元素平面图例练习（3−5 张，每张上面至少 4 个） 2．临摹常见元素立面图例练习（3−5 张，每张上面至少 4 个） 3．临摹平面图表现练习（3−5 张，马克笔彩铅技法） 4．常用手绘文字表现练习（3−5 张，每张上面至少 4 组，马克笔技法）

		八、快题手绘设计表现实例
九、十	54	1. 运用马克笔彩铅技法表达自己的设计构思，手绘草图练习（5–10张） 2. 校园快题手绘设计方案实例练习（1–2套，绘于A2/A1图纸） 3. 居住区快题手绘设计方案实例练习（1–2套，绘于A2/A1图纸） 4. 公园快题手绘设计方案实例练习（1–2套，绘于A2/A1图纸）
十一、 十二	54	八、快题手绘设计表现实例 5. 城市广场快题手绘设计方案实例练习（1–2套，绘于A2/A1图纸） 6. 考研真题或模拟试题－快题手绘设计方案模考练习（数量自定，紧扣报考院校或应聘单位的具体要求，绘于A2/A1图纸） 7. 交流请教，总结快题模考的心得与经验，找出存在的问题并改进

后记

　　手绘在设计中的重要性不言而喻，但手绘又恰恰是目前学校教学内容中比较缺失的一块，很多同学虽然在学校上过了手绘方面的课程，但学习效果却并不理想，特别是在设计实践中很难学以致用。在长期的教学实践中，我接触了大量不同专业院校的学生与企业的设计师，从我了解的情况来看，手绘设计表现方面的课程并没有得到大多数专业院校相应的重视，存在诸如：课时安排较少、内容设置不够科学系统、大班化的教学形式等问题，有的院校甚至没有专门开设手绘方面的课程。这就造成大部分学生在学校课程结束后，基本还仅仅停留在对范画的临摹阶段，一旦让其写生就感觉很吃力，无从下手，更不要谈设计方案的创作表现了！

　　手绘是一门技术性比较强的课程，要掌握好这项技能，就要遵循相应的学习方式与方法。所以，想学好手绘，除了发挥自己的主观能动性以外，加上正确的学习方法，还要有优秀的教程书籍指导或是专业的老师教授、系统的内容设置、适用的教学形式，只有这样，我觉得才能取得最佳的学习效果，才能在最短的时间有显著的进步与提高。

　　正是出于这些考虑，同时也是受中国林业出版社之邀约，我将自己多年从事手绘设计教学与实践的作品及经验汇集成这套园林景观手绘设计表现丛书，既是一次对设计教学的理论和技法提炼，又是一次从事设计工作的实践总结。我为本书特别精心绘制了多幅范图作品，通过图例解析将手绘的全过程一一展现在书中，突出手绘教学的示范性，增强了读者的适用性。

　　本书的撰写及出版得到了诸多的帮助。承蒙李顺编辑的关心，给予我宝贵的建议，十分感谢！本书在撰写过程中参考了国内外部分专家学者的观点，部分原始图片来源于网络，在此向原作者一并表示衷心的感谢！还要感谢我的家人，本书得以顺利完成，与你们的支持是密不可分的。

　　由于本人水平能力有限，加之时间仓促，虽力求完善，但书中难免有不妥之处，恳请各位批评指正。

周晓

二零一五年春节

于金陵